KB267530

뭐든 찌고 싶은
찜기 레시피

세상 쉽고 맛있는 매일 집밥

리요코 지음 | 장하린 옮김

이아소

안녕하세요. 뭐든지 찌고 싶어 하는 리요코입니다.

이 책을 찾아주셔서 감사합니다.
독자 여러분과 만나 기쁩니다.

잠깐 자기소개를 할게요.
저는 나무 찜기의 매력에 푹 빠진 직장인입니다.
부담 없이 지속할 수 있으면서 몸에도 좋은, 간단한 찜기 레시피를 인스타그램에 올리고 있습니다.

남편과 둘이서 살고, 직장 생활로 정신없는 나날 속에서
찜기가 저의 낙이 되어주었습니다.
야근하고 녹초가 된 채로 귀가한 날, 뭘 먹을지 떠오르지도 않고 아무것도 생각하기 싫을 때.
그럴 때도 물을 끓이고 집에 있는 재료를 찜기에 넣어
찌기만 하면 맛있는 저녁을 먹을 수 있습니다.

일이 바빠서 불규칙적인 생활을 해도,
머리카락이나 피부의 윤기와 체형이 그대로인 건 틀림없이 찜기 덕분입니다.
찜기로 요리하면 채소는 숨이 죽어서 잔뜩 먹을 수 있고,
고기는 기름기가 빠져서 저절로 건강식이 됩니다. 몸도 마음도 건강해지지요.

편리하고 새로운 것이 넘쳐나는 현대 사회에서 물을 끓여 증기로 쪄내는
조금 투박한 방식을 쓰는 점도 찜기만의 매력입니다.
아날로그 조리도구이지만 찌는 동안 방치해도 돼서 그사이에 씻을 준비를 하거나,
책을 읽거나, 다른 일에 시간을 쓸 수 있으니 효율로 따지면
최신기기에 뒤지지 않는다고 생각해요. (^^)
물론 증기를 멍하니 바라보기만 해도 기분이 한결 나아지지요.

날마다 차리는 밥은 너무 고민할 필요 없이, 있는 재료면 충분해요.
만들기 쉽고 일상에서 활용하기 좋은 레시피를 이 책에 담았습니다.
재료도 전부 냉장고에 있거나 동네 슈퍼마켓에서 살 수 있는 것이에요.
혼자서 후딱 해치우고 싶은 날, 가족과 집밥을 만끽하고 싶은 날, 친구를 초대한 날….
부엌에 서서 뭘 해야 하나 고민이 된다면, 이 책을 펼쳐보세요.

이 책 덕분에 여러분의 생활이 조금이라도 편안하고 쾌적해진다면 진심으로 기쁠 거예요.

다양한 찜기 요리로 여러분의 삶이 더욱 즐거워지기를 바랍니다.

리요코

찜기의 매력

'찌기만 해도 뭐든지 맛있어지다니!'
시간 절약, 다이어트, 피부 관리, 모든 희망사항을 한 번에 해결해주는 찜기 레시피.
마법 같은 조리도구, 찜기의 매력을 소개합니다.

1

조리도 설거지도 간단!

집에 있는 재료를 적당히 썰어서 찜기에 넣어 10분 정도 찌기만 하면, 배도 마음도 든든해지는 요리가 완성됩니다. 지치고 체력이 바닥난 날이라도, 재료를 썰고 물을 끓이는 정도는 할 수 있을 것 같지 않나요? 게다가 맛도 좋고 건강에도 좋은 요리가 만들어집니다. 설거지도 물에 헹구기만 하면 끝!

2

찌기만 해도 뭐든지 맛있다

나무 찜기는 금속 찜기보다 열이 부드럽게 전달되는 점이 특징입니다. 게다가 나무와 대나무 같은 천연소재는 흡습성이 있어 증기량을 적절하게 조절해줍니다. 그래서 재료 본연의 맛을 살리면서 뭐든지 따끈하고 폭신하게 쪄내지요! 채소는 한결 달큼해지고, 고기와 생선은 감칠맛이 촉촉하게 배어납니다.

3

다이어트와 피부에도 좋은 건강식

찌기만 하면 되니 기본적으로는 기름 없이도 조리 가능. 기름 섭취를 줄이고 싶은 다이어터에게도 추천합니다. 채소를 많이 먹을 수 있어 건강에 좋으면서도 포만감을 줍니다. 저는 날마다 찜기로 요리하면서부터 정말로 피부가 좋아졌어요. 우리가 먹는 음식이 우리 몸을 만든다는 사실을 체감합니다.

4

보기만 해도 기분이 좋아진다

또 하나 빼놓을 수 없는 찜기의 매력은 바로 고운 자태입니다. 물이 끓는 냄비 위에 살포시 올라간 모습, 뚜껑을 열었을 때 무럭무럭 피어오르는 김을 보기만 해도 기분이 좋아집니다. 그대로 식탁에 올려도 돼서 더 좋고요! 틀림없이 매일매일 식사 시간이 기대될 거예요.

준비물

찜 요리에 꼭 필요한 건… 찜기입니다.

하지만 소재나 크기 등이 다양해서 뭘 사야 좋을지 고민되나요?

첫 찜기를 고르는 요령, 처음에 필요한 준비물을 소개합니다.

찜기

삼나무를 추천! 이 책에서는 지름 21cm를 사용합니다

찜기의 소재는 크게 삼나무, 대나무, 편백 세 종류로 나뉩니다. 질감이나 향이 제각기 조금씩 다르지만, 조리 성능에는 큰 차이가 없으니 취향껏 골라도 됩니다. 고민된다면 일단 가격도 적당하고 향도 좋은 삼나무를 추천합니다. 크기는 직경 18~21cm가 한 칸에 1~2인분을 만들기 좋습니다.

나무 찜기를 사면 전처리부터 합니다. 무척 간단해요. 냄비에 물을 가득 끓인 다음, 빈 찜기를 얹어 중불에 15분 정도 찌면 끝. 100℃의 증기가 살균소독을 하고, 나무 부스러기나 오염물을 씻어냅니다. 이때 피어나는 김은 향이 정말 좋아요! 마치 숲속에 있는 것처럼 치유됩니다. 그다음에는 꽉 짠 행주 등으로 물기를 닦고 잘 말려주세요.

냄비 & 물솥

찜기에 딱 맞는 크기를 준비할 것

찜기를 올릴 냄비는 바깥지름이 찜기와 비슷하고 안쪽에 단차가 있는 것으로 준비하세요. 물을 많이 넣기 때문에 깊이가 꽤 있는 편이 좋습니다. 알맞은 크기의 냄비가 없을 때는 찜판을 쓰는 방법도 있어요. 냄비나 프라이팬에 찜판을 얹고, 그 위에 찜기를 올려서 사용합니다.

내열 용기

국물까지 먹고 싶을 때

국물까지 먹고 싶은 요리는 내열 용기에 재료를 담아서 찝니다. 찜기의 지름보다 작은 용기를 사용하세요. 찜기에 너무 딱 맞으면 증기가 제대로 순환하지 못합니다.

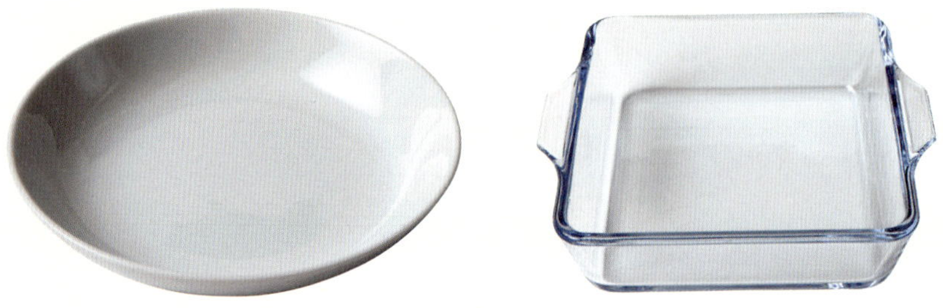

종이 포일 & 면포

재료가 들러붙거나 찜기가 더러워지지 않게

기름기가 많은 재료나 양념한 재료를 찔 때는 종이 포일 또는 면포를 깔아줍니다. 종이 포일을 쓸 때는 증기가 통하기 쉽게끔 칼 같은 도구로 구멍을 뚫거나, 틈새를 약간 만들어주세요. 시판 찜종이를 써도 괜찮습니다. 양상추나 양배추, 숙주나물 같은 채소를 까는 것도 추천합니다. 재료들의 감칠맛이 서로 배어들어 채소까지 먹을 수 있으니 일석이조입니다.

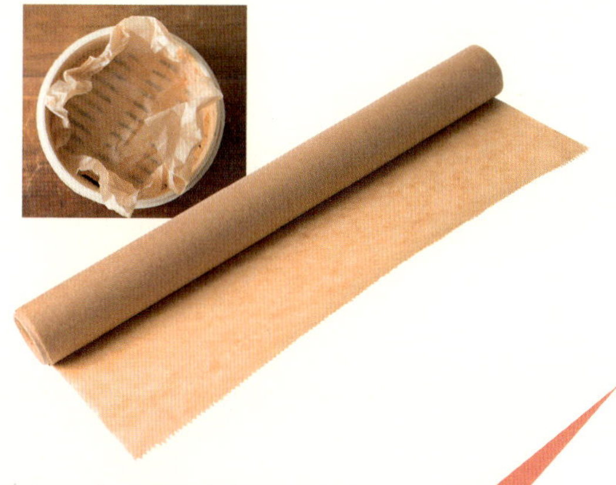

무궁무진한 면포 활용법!

면포가 있으면 요리도 한층 즐거워져요! 찜기에 까는 용도 외에도 온갖 부엌일에서 진가를 발휘합니다. 저는 넓고 긴 면포를 사서 필요한 크기로 잘라 써요. 음식에도 닿으니 무표백 면 제품을 고르세요.

이럴 때 편리해요

· 물기를 꼭 짜서 랩 대용으로
· 두부나 요구르트를 거를 때
· 국물을 거를 때
· 커피 필터 대용으로
· 부엌 행주로

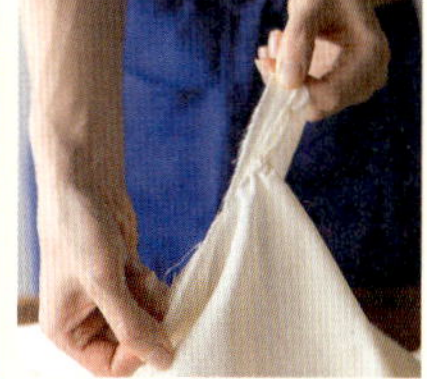

자를 때

가위로 1cm 정도 자른 다음, 양쪽을 잡아서 세게 당기면 죽 찢어집니다.

쓰기 전에

뜨거운 물에 식품용 베이킹 소다를 1큰술 풀고 10분 정도 삶아줍니다. 물에 헹궈서 꼭 짜면 준비 끝!

찜기 사용법

찜기 요리는 제법 수고로워 보이지요.
저도 직접 써보기 전에는 '번거롭지 않나…' 생각했어요.
하지만 그렇지 않답니다! 찜기는 귀찮다는 선입견을 버릴 수 있게,
기본적인 찜기 사용법을 소개합니다. 깜짝 놀랄 만큼 간단하니 꼭 시도해보세요!

 step 1 준비

먼저 찜기를 물에 충분히 적십니다. 물기를 머금으면 찜기에 냄새나 오염이 배지 않습니다. 타는 것도 방지하고요.

step 2 찜기에 좋아하는 재료 넣기

쪄도 수분이나 기름기가 많이 빠져나오지 않는 재료는 찜기에 바로 넣어도 괜찮아요. 찜기에 들러붙거나 색과 냄새가 밸 것 같으면 종이 포일과 면포, 채소 등을 바닥에 깔아줍니다. 그릇째 찌고 싶을 때는 내열 용기를 사용하세요. 다 찐 뒤에는 뜨거우니, 꺼낼 때 조심하세요!

찌기

냄비에 물을 90% 정도 채우고 불을 올립니다. 물이 끓고 김이 피어오를 때 찜기를 올린 다음 그대로 두면 완성! 높이가 있는 재료를 찔 때는 찜기 2개를 활용해, 위아래를 뒤집은 찜기를 겹친 다음 뚜껑을 덮으세요.

설거지

사용한 뒤에는 대개 물기를 꼭 짠 행주로 닦기만 하면 끝. 더럽다면 수세미나 솔을 써서 흐르는 물에 살살 씻어주세요. 종려나무로 만든 천연 수세미를 추천합니다. 많이 더러울 때만 중성세제로 닦습니다. 세제 잔여물이 없게끔 물에 잘 헹궈주세요.

보관

찜기를 씻어서 말렸다면 바람이 잘 통하는 곳에 보관해주세요. 완전히 마른 뒤에는 세우거나 걸어서 보관하는 방법을 추천합니다. 찜기는 생김새가 귀여워서 부엌에 내놓은 채 보관해도 너저분해 보이지 않아서 좋아요.

Contents

082 **Chapter 3**

한 번에 최대 5가지 완성!

동시 조리 찜기 레시피

092 **찜기 없이도 찌고 싶어지는 레시피**

바지락 술찜 / 연근 사오마이
/ 두부 사오마이 / 실당면 샐러드

096 **Chapter 4**

다양한 응용법!

간단한 찜기 레시피의 기본

조리법에 대해

재료 분량은 1인분, 2인분, 만들기 쉬운 분량 등 레시피에 따라 다릅니다. 찜기를 2단으로 올려 같은 요리의 양을 두 배로 만들거나 다른 요리를 동시에 만들어도 됩니다. 그럴 때는 조리법의 찌는 시간에 3분가량 더해서 상태를 확인해가며 가열해주세요.

· 계량스푼은 1큰술＝15㎖, 1작은술＝5㎖입니다.

· '1꼬집'은 엄지, 검지, 중지 세 손가락으로 집은 양, '약간'은 엄지와 검지 두 손가락으로 집은 양입니다. '적당량'은 요리에 알맞은 적당한 양, '선택'은 취향껏 넣어도 되고 생략해도 된다는 뜻입니다.

· 찌는 시간은 김이 나는 냄비에 찜기를 올린 뒤부터 완성할 때까지를 기준으로 삼습니다. 재료의 특성이나 써는 방법에 따라 찌는 시간도 달라지므로, 상태를 확인해가며 조절해주세요.

· 조리법에는 채소 씻기, 껍질 벗기기 등의 순서를 생략했습니다.

· 별도 기재가 없다면 간장은 진간장, 설탕은 사탕무 설탕, 소금은 천일염, 식초는 곡물식초, 미소(일본 된장)는 혼합 미소(아와세 미소), 버터는 가염버터를 사용했습니다. 사탕무 설탕 대신 백설탕 등 취향껏 사용해도 됩니다.

Chapter 1

썰고 넣고 찌면 끝!

일주일 찜기 레시피

집에 늦게 들어온 날 저녁도, 재택근무하는 날 점심도, 주말 안주나 브런치도 전부 찜기에 맡기세요! 내가 좋아하는 재료를 썰어서 넣고 찌기만 하면 되는 찜기 요리가, 바쁜 나날에 보탬이 되어줄 거예요.

월요일

고기, 채소, 달걀, 냉동 밥…. 먹고 싶은 것을 마음껏 골라서 찜기에 넣기만 하면 끝.
양이 많지만 채소의 비중이 높아서 건강에도 좋다! 게다가 몸에 좋은 음식을 먹는
다는 생각에 자기긍정감도 높아진다. 찜기 요리 완전 최고!

아무 생각 할 필요 없이, 찌기만 해도 놀랄 만큼 맛있다

건강 한 상

양념은 깔끔하게 소금, 후추, 올리브유만!
찜기가 재료 본연의 맛을 살려주기 때문에 그것만으로도 충분하다.

깔 것

종이 포일

재료(찜기 지름 21cm, 1단／1인분)

냉동 밥 … 1그릇
달걀 … 1개
닭다리살 … 80g
콜리플라워 … 3~4송이
주키니호박(노랑) … 1/2개
감자 … 작은 것 1개
만가닥버섯 … 1/3팩
완두순 … 1/3팩
방울토마토 … 2개
소금·후추·올리브유 … 적당량

조리법

1 닭고기와 채소는 먹기 좋은 크기로 썬다. 냉동 밥은 랩을 벗긴다.

2 밥과 달걀은 각각 종이 포일에 싸서 찜기에 넣는다. 빈 공간에 남은 채소를 넣고, 그 위에 닭고기를 얹는다. 뚜껑을 덮고 중강불에 15분 찐다.

3 다 찌면 그릇에 담아 소금과 후추를 뿌리고 올리브유를 두른다.

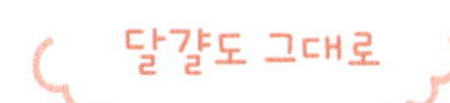

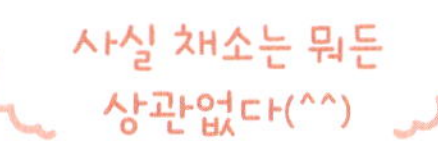

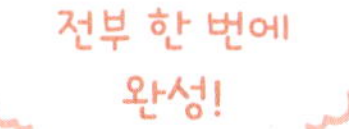

화요일

화요일부터 야근이라니! 얼른 가서 2인분을 차려야 하는데! 이번 주도 바쁠 것 같은 예감에 조금 어수선한 마음…. 그런 날에는 담백한 요리가 먹고 싶다. 마지막에 양배추를 덮는 것은 찜기를 더럽히지 않기 위한 비결. 뒷정리도 한결 간단해진다.

따끈하게 치유해주는 부드러운 미소의 맛

따끈따끈 속 편한
닭고기 양배추찜

닭다리살을 찌면 기름기가 빠져서 건강하게 조리된다.
양배추의 부드러운 단맛에 마음이 편안해진다.

깔 것

종이 포일

재료(찜기 지름 21cm, 1단／2인분)

닭다리살 … 200g
양배추 … 1/2통
차조기 … 5장
양하 … 2개
참깨 … 적당량
A
| 미소·간장 … 각 2큰술
| 맛술 … 1큰술

조리법

1. 양배추는 큼지막하게 썰고, 차조기와 양하는 채 썬다. 닭고기는 껍질을 벗겨 한 입 크기로 썬다.

2. 양배추를 한 줌만 남기고, 종이 포일을 깐 찜기에 나머지를 넣는다. 닭고기를 얹고 **A**를 섞어서 끼얹는다. 남은 양배추를 얹은 다음, 뚜껑을 덮고 중강불에 15분 찐다.

3. 다 찌면 참깨, 차조기, 양하를 곁들인다.

수요일

재택근무를 하는 날 점심, 왠지 면이 당기는데! 일하는 도중에 후다닥 만들고 싶어서, 분말 수프가 딸린 야키소바로 결정. 찜기를 쓰면 기름 없이도 요리할 수 있으니까, 맛이 진해도 간이 적당하다. 접시째 쪄서 마지막까지 뜨끈뜨끈한 점도 좋다. 과식한 탓에 오후에는 조금 졸릴지도…

면을 찌면 쫄깃해진다.
시판 소스 야키소바가 레벨 업!

소스 찜 소바

맛술이 맛의 비결이니 빼먹지 말자! 기름 없이 깔끔한 풍미에
단맛과 감칠맛이 더해져 만족스러운 한 그릇.

깔 것

면포, 내열 그릇

재료(찜기 지름 21cm, 1단／1인분)

중화면(분말 수프 포함) … 1봉지
비엔나소시지 … 2개
양배추 … 2장
양파 … 1/4개
당근 … 4cm
피망 … 1개
맛술 … 1큰술
파래김 … 적당량

1. 채소와 소시지는 먹기 좋은 크기로 썬다.
2. 찜기에 면포를 깔고 내열 그릇을 넣는다. 내열 그릇에 중화면과 ❶을 담고 분말 수프와 맛술을 뿌린다. 뚜껑을 덮고 중강불에 7분 찐다.
3. 다 찌면 중화면과 재료를 골고루 섞고, 면포 양쪽 끝을 잡아서 그릇을 찜기에서 꺼낸 다음 파래김을 뿌린다.

목요일

고기말이는 만들다 보면 무념무상의 경지에 이르러서 좋다. 새송이버섯은 손으로 찢으면 육즙이 잘 배어서 맛있다. 찜기에 기름기가 들러붙지 않게 양배추 같은 잎 채소를 깔아서 찐다. 이번 주도 하루만 더 힘내자~!

깜짝 놀랄 만큼 달콤한 채소!

새송이말이와 채소찜

쫄깃한 식감이 재미난 새송이버섯에 육즙 가득한 고기를 말아서.
상추에 싸 먹거나 김치를 곁들여도 맛있다.

깔 것

양배추 등 좋아하는 채소

재료(찜기 지름 21cm, 1단／1~2인분)

대패삼겹살 … 6장
새송이버섯 … 2개
표고버섯 … 2개
우엉 … 1/2개
감자 … 1개
주키니호박 … 1/4개
대파 … 1/2대
피망(빨강) … 1/2개
완두순 … 1/3팩
〈소금장〉
　참기름 … 3큰술
　소금 · 후추 … 적당량

조리법

① 우엉은 껍질을 벗겨 5cm 길이로 자른 다음 세로로 반 썰고, 물에 담가 떫은맛을 제거한다. 새송이버섯은 손으로 찢어서 세로로 3등분한다. 표고버섯은 밑동을 제거하고 십자로 칼집을 낸다. 감자, 주키니호박, 대파, 피망은 먹기 좋은 크기로 썬다. 완두순은 뿌리를 잘라내고 반으로 썬다.

② 찜기에 좋아하는 채소를 깔고, 새송이버섯 한 조각당 돼지고기를 1장씩 말아서 넣는다. 빈 공간에 나머지 채소를 넣은 다음, 뚜껑을 덮고 중강불에 10분 찐다.

③ 다 찌면 잘 섞은 소금장을 곁들여 먹는다.

금요일

드디어 이번 주도 끝~. 한잔하고 싶은 오늘, 우리 집의 금요일 간판 메뉴인 삼겹살로 결정! 썰어서 찌기만 했을 뿐인데 식탁이 풍성해져서 즐겁다. 통삼겹살은 보기만 해도 두근두근! 큼직하게 썬 고기를 다양한 채소에 싸서 호쾌하게 베어 무는 게 좋다.

기름진 고기도 쪄서 요리하면 건강하게 변신

삼겹살찜

비계가 많은 통삼겹살도 쪄서 조리하면 담백하게 먹을 수 있다.
채소를 깔면 찜기도 더러워지지 않고, 채소가 육즙을 빨아들여 맛있어진다!

깔 것

대파, 양배추 등 좋아하는 채소

재료(찜기 지름 21cm, 1단／2인분)

통삼겹살 … 250g
당근 … 1/2개
새송이버섯 … 2개
꽈리고추 … 10개
〈쌈 재료〉
　소금장(P.20) · 고추장 … 적당량
　적상추 … 5~6장
　차조기 … 10장
　김치 … 적당량

조리법

1. 통삼겹살은 1cm 간격으로, 당근은 먹기 좋은 크기로 썬다. 새송이버섯은 세로로 반 찢는다.
2. 찜기에 좋아하는 채소를 깔고 ❶과 꽈리고추를 넣은 다음, 뚜껑을 덮고 중강불에 15분 찐다.
3. 다 찌면 쌈 채소를 곁들여 먹는다.

토요일

늦잠을 자버렸다…. 오늘 점심은 냉장고에 있는 재료로 만든 파스타. 채소를 찌는
동시에 아래쪽 냄비로는 파스타를 삶았더니… 대성공! 찐 채소와 생채소를 섞으면
잔열에 숨이 죽어서 더 맛있어진다. 채소를 잔뜩 먹을 수 있어 완벽한 파스타!

파스타까지 동시에 완성!

찐 채소와 생채소를 함께 즐기는 샐러드 파스타

어떤 채소를 넣어도 맛있으니 재료는 너무 고민하지 말자!
채소를 많이 먹고 싶을 때, 냉장고를 비우고 싶을 때도 추천!

깔 것

면포

재료(찜기 지름 21cm, 1단／2인분)

쇼트파스타(삶는 시간 11분) … 100g
당근 … 1/3개
고구마 … 1/2개
감자 … 1/2개
오이 … 1개
순무 … 1개
파프리카(빨강) … 1/2개
적상추 … 3장
방울토마토 … 4개
A
　치킨스톡·소금·식초 … 각 1작은술
　후추 … 적당량
　올리브유 … 3큰술

조리법

1. 방울토마토와 적상추 외의 채소, 뿌리채소는 전부 1cm 크기로 깍둑 썬다. 감자와 고구마는 각각 물에 담가 전분을 제거한다. 방울토마토는 꼭지를 따서 4등분한다. 적상추는 먹기 좋은 크기로 찢는다.

2. 끓는 물에 소금 적당량(재료에 적힌 분량 외)을 넣고 중강불에 파스타를 삶는다. 면포를 깐 찜기에 당근과 감자와 고구마를 넣고 뚜껑을 덮은 다음, 파스타를 삶는 냄비 위에 얹어서 중강불에 7분 찐다. 파스타는 포장지에 적힌 시간만큼 삶은 다음 체에 받쳐서 물기를 뺀다.

3. 볼에 **2**와 나머지 채소를 담고 **A**를 넣어 섞는다.

일요일

주말이 끝나다니, 아쉬운 마음에 애니메이션이라도 보다가 조금 늦게 잘까? 오늘 메뉴는 냉장고에 남은 재료를 한 번에 해치울 수 있는 레시피. 딥소스는 두부를 써서 조금 건강식으로 만들어봤다. 와사비(고추냉이)나 가다랑어포를 곁들여도 맛있다. 파근파근한 채소에 자꾸만 손이 간다!

냉장고에 남은 채소를 단숨에 정리!

따뜻한 채소 스틱과
참깨 미소 딥소스

고구마나 단호박처럼 쪄도 너무 물러지지 않는 뿌리채소류를 추천.
떡볶이떡을 넣어도 의외로 맛있다.

깔 것

없음

재료(찜기 지름 21cm, 1단／2인분)

감자 … 1개
우엉 … 1개
당근 … 1/2개
주키니호박 … 1/2개
무 … 6cm
단호박 … 1/4개
〈참깨 미소 딥소스〉
　연두부 … 3큰술
　미소 · 마요네즈 … 각 1큰술
　간장 · 맛술 · 시치미 … 각 1/2작은술
　빻은 참깨 … 적당량

조리법

1. 당근, 무, 주키니호박은 스틱 형태로 썬다. 우엉도 스틱 형태로 썰고, 물에 담가 떫은맛을 제거한다. 감자, 단호박은 반달 모양으로 썬다.
2. ①을 찜기에 담고 뚜껑을 덮어서 중강불에 10분 찐다.
3. 다 찌면 잘 섞은 참깨 미소 딥소스를 곁들여 먹는다.

찜기로 찌면
잘 굳지 않는다!

찌는 시간
중강불
5
min.

떡

집에서 떡 파티를 열어볼까? 네 가지 맛을 준비해서 떡에 찍어 먹자.
종이 포일에 기름을 발라두면 떡이 들러붙지 않고 깔끔하게 떨어진다!

깔 것 종이 포일

재료(찜기 지름 21cm, 2단／2인분)

찰떡(키리모찌) … 3개
식용유 … 약간
A 〈간장(미타라시*)〉
| 간장 … 2큰술
| 맛술 … 1큰술
| 설탕 … 2작은술
| 감자 전분 … 1/2작은술
| 물 … 4큰술

B 〈콩가루〉
| 콩가루 … 3큰술
| 설탕 … 1~2큰술
C 〈소금 버터〉
| 버터 … 8g
| 소금 … 2꼬집
D 〈김〉
| 김 … 1장
| 간장 … 2작은술

*미타라시: 당고에 바르는 달짝지근한
   간장 소스.

（조리법）

❶ 찰떡은 반으로 자른다. 식용유를 얇게
바른 종이 포일을 찜기에 깐다. 찰떡을
넣고 뚜껑을 덮어 중강불에 5분 찐다.

❷ **A**는 작은 냄비에 넣어서 중불에 가열
하고, 전체적으로 투명하게 끓을 때까
지 저어준다. **B**는 잘 섞는다. **C**의 버터
는 내열 용기에 넣어서 다른 찜기에 담
고, ❶의 찜기 위에 얹어 1분 동안 녹인
다음 소금과 잘 섞는다. **D**의 김은 찰떡
에 맞는 크기로 자른다.

❸ 다 찌면 **A~D**를 곁들여 먹는다.

고？

빵

슈퍼마켓이나 편의점에서 파는 빵도 찜기로 데우면 달콤하고 쫀득한 고급 식빵으로 변신!
찜기에 바로 넣으면 반죽이 들러붙으니 주의.

깔 것　면포

재료(찜기 지름 21cm, 1단／1인분)

좋아하는 빵 … 적당량

（조리법）

❶ 면포를 깐 찜기에 빵을 넣은 다음, 뚜껑을 덮고 중강불에 5분 찐다.

냉동 우동

냉동 우동도 찜기에 찌면 수타 우동처럼 쫄깃하고 무척 맛있다!
대파와 만가닥버섯도 함께 찌고, 마무리로 고명을 듬뿍 얹자.

깔 것 종이 포일

재료(찜기 지름 21cm, 1단／1인분)

냉동 우동 … 1봉지
대파 … 10cm
만가닥버섯 … 1/3팩
우메보시* … 1개
차조기 … 4장
생강 … 큰 것 1쪽
참깨 … 적당량
A
| 간장 … 1/2~1큰술
| 참기름 … 1작은술

*우메보시: 소금에 절인 매실을 말려 만든
일본식 매실 절임.

조리법

❶ 대파는 얇고 어슷하게 썰고, 만가닥버섯은 밑동을 제거해 먹기 좋은 크기로 찢는다. 차조기와 생강은 채 썬다. 우메보시는 씨를 제거한다.

❷ 종이 포일을 깐 찜기에 냉동 우동을 넣고 대파와 만가닥버섯을 올린다. **A**를 뿌리고 생강을 얹은 다음, 뚜껑을 덮고 중강불에 7분 찐다.

❸ 다 찌면 우메보시와 차조기를 얹고, 참깨를 뿌린다.

통조림

뚜껑을 따서 통조림째 찌면 따끈따끈한 반찬 탄생. 요리할 기운이 없을 때도,
냉동 밥과 집에 있는 채소를 함께 찌기만 하면 찜기 정식(^^) 완성!

깔 것 종이 포일

재료(찜기 지름 21cm, 1단／1인분)

좋아하는 통조림(카레, 고등어 등)
  … 1캔
냉동 밥 … 1그릇
좋아하는 채소(감자, 양파, 주키니호박,
  쑥갓 등) … 적당량

조리법

❶ 종이 포일을 깐 찜기에 뚜껑을 딴 통조림과 랩을
  벗긴 냉동 밥을 넣는다.

❷ 채소를 먹기 좋은 크기로 썰어서 찜기의 빈 공간에
  담은 다음, 뚜껑을 덮고 중강불에 10~15분 찐다.

냉동 햄버그스테이크

해동하지 않고 그대로, 가니시용 채소까지 함께 찜기에 넣으면 끝.
프라이팬에 굽는 것보다 부드럽고 촉촉하게 익어서, 간단하면서도 무척 맛있다!

깔 것 종이 포일

재료(찜기 지름 21cm, 1단／2인분)

냉동 햄버그스테이크(비가열제품) … 2개
감자 … 1개
당근 … 작은 것 1개
브로콜리 … 4송이
방울토마토 … 2개
A
　케첩 · 중농소스* … 각 2큰술
　간장 · 맛술 … 각 1큰술
　설탕 … 1작은술

*중농소스: 우스터소스류로 맛과 점도가 우스터소스와
　농후소스(돈가스소스 등)의 중간 정도.

조리법

❶ 당근은 세로로 6등분한다. 감자는 껍질째 4등분한다.

❷ 종이 포일을 깐 찜기에 햄버그스테이크, ❶, 브로콜리, 방울토마토를 넣는다. **A**를 섞어서 뿌린 다음 뚜껑을 덮고 중강불에 20분 찐다.

즉석 카레

즉석식품의 힘을 빌리고 싶지만 맛도 영양도 모양새도 포기하기 싫을 때.
채소와 냉동 밥을 함께 찌면, 세련된 카페에서 파는 것 같은 카레가 완성.

깔 것 종이 포일

재료(찜기 지름 21cm, 1단／1인분)

즉석 카레 … 1봉지
냉동 밥 … 1그릇
좋아하는 채소(감자, 브로콜리, 단호박,
　당근 등) … 적당량

（조리법）

❶ 채소는 먹기 좋은 크기로 썬다.

❷ 즉석 카레는 찜기에 봉지째 넣는다. 냉동 밥
은 랩을 벗기고 종이 포일에 싸서 찜기에 넣
는다. 빈 공간에 좋아하는 채소를 넣은 다음
뚜껑을 덮고 중강불에 15분 찐다.

채소도 들어가
즉석식품을 먹는
죄책감에서 해방!

Chapter 2

뭐든지 찌고 싶어!
사계절
찜기 레시피

고기와 생선은 부드럽고 촉촉하게, 채소는 감칠맛과 단맛을 더욱 진하게! 평소에 볶거나 조리던 요리도 한번 쪄보면 새로운 맛에 눈뜨게 될 거예요. 추운 계절은 물론, 사계절 내내 즐길 수 있는 점도 찜기의 매력!

퍽퍽한 닭가슴살은 이제 안녕!

촉촉한 닭가슴살찜

삶으면 퍽퍽해지는 닭가슴살도
찜기로 조리하면 놀랄 만큼 촉촉하게 완성.
산뜻한 매실 대파 소스하고도 찰떡궁합!

깔 것

내열 그릇

재료(찜기 지름 21cm, 1단／1~2인분)

닭가슴살 … 1개(400g)
대파(초록색 부분) … 1대
생강 … 1쪽
맛술 … 2큰술
설탕 · 소금 … 각 1작은술

〈매실 대파 소스〉
　대파(흰 부분) … 1대
　우메보시 … 1개
　소금 · 올리브유 … 적당량

조리법

1 내열 그릇에 닭고기를 올리고, 포크로 양면에 여러 군데 구멍을 낸다. 설탕과 소금을 양면에 골고루 발라 10~15분간 재운다. 대파는 초록색 부분과 흰 부분을 나눈다. 생강은 채 썬다.

2 **1**의 재운 닭고기 위에 대파의 초록색 부분과 생강을 얹고, 맛술을 둘러 찜기에 넣는다. 뚜껑을 덮고 중강불에 10분 찐 다음, 뚜껑을 열어서 잔열이 날아갈 때까지 10~20분 놔둔다.

3 찌는 동안 대파의 흰 부분을 잘게 다지고, 우메보시는 씨를 제거해서 으깬 다음 소금과 올리브유를 섞어 소스를 만든다. **2**를 주방 가위로 먹기 좋게 자른 다음 소스를 끼얹는다.

찜기로 만화 속 레시피를 재현!

소스에 찍어 먹는 닭꼬치

어느 애니메이션에 나온 요리를 재현! 컵에 담긴 소스를
듬뿍 찍어서 한입. 피망 대신 대파를 써도 맛있다.

찌는 시간
중강불
10
min.

깔 것 구멍을 뚫은 종이 포일

재료(찜기 지름 21cm, 1단／2인분)
닭다리살 … 250g
피망(초록 · 빨강) … 각 2개
A

| 간장 · 맛술 … 각 3큰술
| 설탕 … 2큰술
| 다진 생강 … 1큰술
| 다진 마늘 · 감자 전분 … 각 1작은술
| 물 … 100ml

조리법

❶ 닭고기는 한입 크기로 썬다. 피망은 꼭지와 씨를 제거
하고 한입 크기로 썬다. 닭고기와 피망을 꼬치에 번갈
아 가며 꽂는다.

❷ 종이 포일을 깐 찜기에 ❶을 올린
다음, 뚜껑을 덮고 중강불에 10분
찐다.

❸ 찌는 동안 냄비에 **A**를 넣어
끓인다. 걸쭉해지면 내열 컵에
붓고, ❷에 곁들여 먹는다.

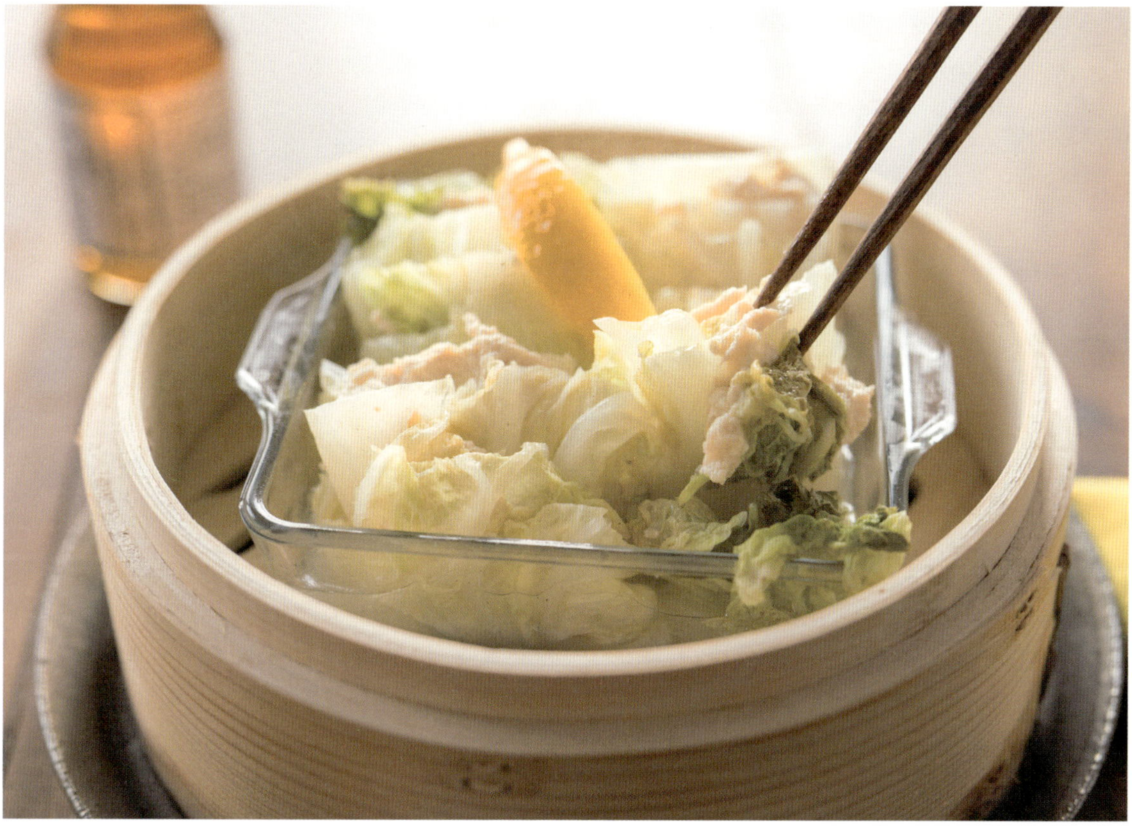

닭고기 완자와 배추를 넣은 소금 레몬 밀푀유찜

찌는 시간
중강불
10 min.

두부를 섞어서 부드러운 고기 완자. 양념은 간단하지만,
찌면서 감칠맛이 한층 더해져 맛이 균형을 이룬다.

깔 것 내열 용기
(13cm×13cm×높이 3.5cm)

재료(찜기 지름 21cm, 1단／1~2인분)

배춧잎 … 3장
참기름 … 적당량
레몬(반달썰기) … 1/8개

A
닭고기 다짐육 … 50g
연두부 … 50g
소금 … 2꼬집
참기름 … 1큰술

B
맛술 · 레몬즙
… 각 1큰술
소금 … 적당량

조리법

1. 배춧잎은 5cm 크기의 정사각형으로 썬다. 볼에 A를 넣고 잘 섞어서 완자를 만든다.
2. 내열 용기에 배춧잎을 세워서 넣고, 사이사이에 완자를 끼운다. B를 섞어서 두르고 레몬을 얹어 찜기에 넣는다. 뚜껑을 덮고 중강불에 10분 찐다.

3. 다 찌면 참기름을 두른다.

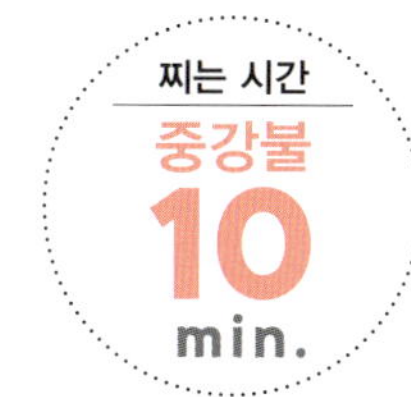

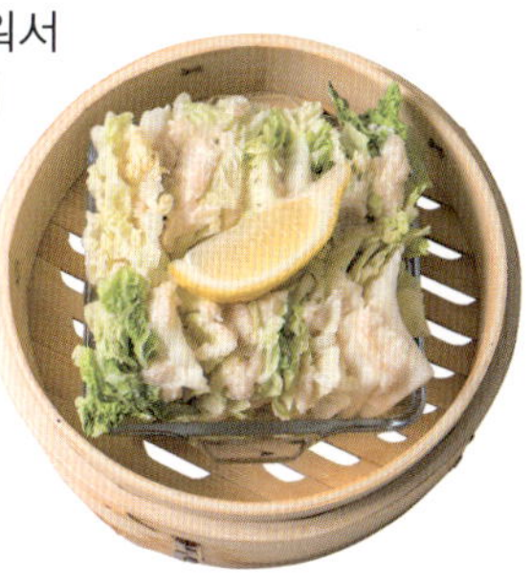

매콤한 시치미가 킥

나만 먹고 싶은
고기 감자 조림

감자와 돼지고기의 잠재력을 최대로 끌어내는 찜기의 힘!
집밥의 단골 메뉴가 한 단계 진화한 맛에 틀림없이 감동할 것이다.

깔 것

종이 포일

재료(찜기 지름 21cm, 2단／2인분)

대패삼겹살 … 150g
감자 … 4개
실곤약 … 1봉지
양파 … 1/2개
시치미 … 적당량
A
| 간장 … 3큰술
| 맛술 … 2큰술

조리법

❶ 감자는 껍질째 찜기에 넣는다. 뚜껑을 덮고 중강
불에 15분 찐다.

❷ 양파는 얇게 썰고, 실곤약은 먹기 좋은 크기로 썬
다. 종이 포일을 깐 찜기에 양파, 실곤약, 돼지고
기 순서로 넣고 **A**를 두른다. ❶의 찜기 위에 얹어
서 10분 더 찐다.

❸ 다 찌면 감자를 꺼낸다. 뜨거우니 조심해서 먹기
좋은 크기로 썬다. 볼에 담고 ❷를 넣어서 살살
섞는다. 그릇에 담아 시치미를 뿌린다.

뚜껑을 열면 피어나는 꽃

간단하지만
맛은 일품인
무 삼겹 밀푀유찜

생강을 잔뜩 써서 놀랄지도 모르지만, 찌면 매운맛이 날아가서 산뜻한 풍미를 낸다.
생강 대신 차조기나 토마토를 끼워도 된다.

깔 것

없음

재료(찜기 지름 21cm, 1단／2인분)

대패삼겹살 ⋯ 250g
무 ⋯ 1/3개
잎새버섯 ⋯ 1/3팩
생강 ⋯ 4쪽(60g)
〈소스〉
　오크라 ⋯ 3개
　폰즈간장 ⋯ 80ml

조리법

① 무와 생강은 얇게 썰고, 돼지고기는 5cm 간격으로 썬다.

② 찜기 테두리를 따라 원을 그리듯 무, 돼지고기, 생강 순서로 담는다. 가운데 빈 공간에는 잎새버섯을 꽃잎처럼 담은 다음, 뚜껑을 덮고 중강불에 15분 찐다.

③ 찌는 동안 오크라를 다져서 폰즈간장에 담가 소스를 만든다. 다 찌면 ②에 소스를 곁들여 먹는다.

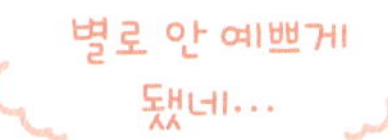

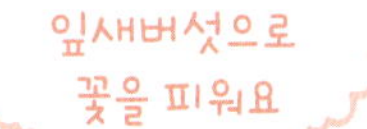

보들보들 육즙 가득

보들보들 파드득나물 닭고기 완자

찌는 시간
중강불
10
min.

퍽퍽해지기 쉬운 닭고기 완자에 한펜을 섞으면 육즙이 빠지지 않아
식감이 부드러워진다. 생강 맛을 살려 일본풍으로 마무리.

깔 것 숙주나물 등 좋아하는 채소

재료(찜기 지름 21cm, 1단／1~2인분)

닭가슴살 다짐육 … 100g
한펜* … 큰 것 1장
파드득나물 … 2포기
표고버섯 … 2개
생강 … 1쪽
맛술 … 1작은술
소금 · 시치미 … 각 1/4작은술
폰즈간장 … 선택

조리법

① 파드득나물은 1cm 정도로 큼지막하게 썰고, 표고버섯
은 다진다. 생강은 채 썬다.

② 볼에 모든 재료를 넣고 한펜을 으깨듯이 치대며 잘 섞
어서 6~8등분한다.

③ 좋아하는 채소를 깐 찜기에 ②를
숟가락 2개로 둥글려서 넣은 다
음, 뚜껑을 덮고 중강불에 10
분 찐다. 그릇에 담고 취향껏
폰즈간장을 곁들인다.

*한펜: 으깬 생선 살에 참마 등을 섞어서 찐 어묵의 일종.

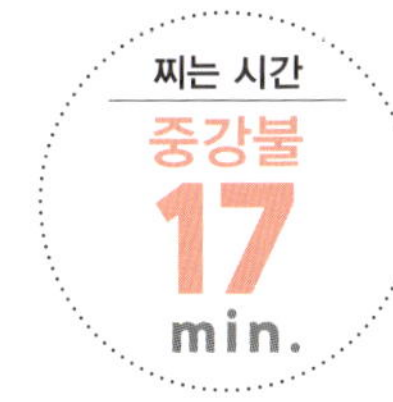

주르륵 흘러나오는 토마토가 별미!

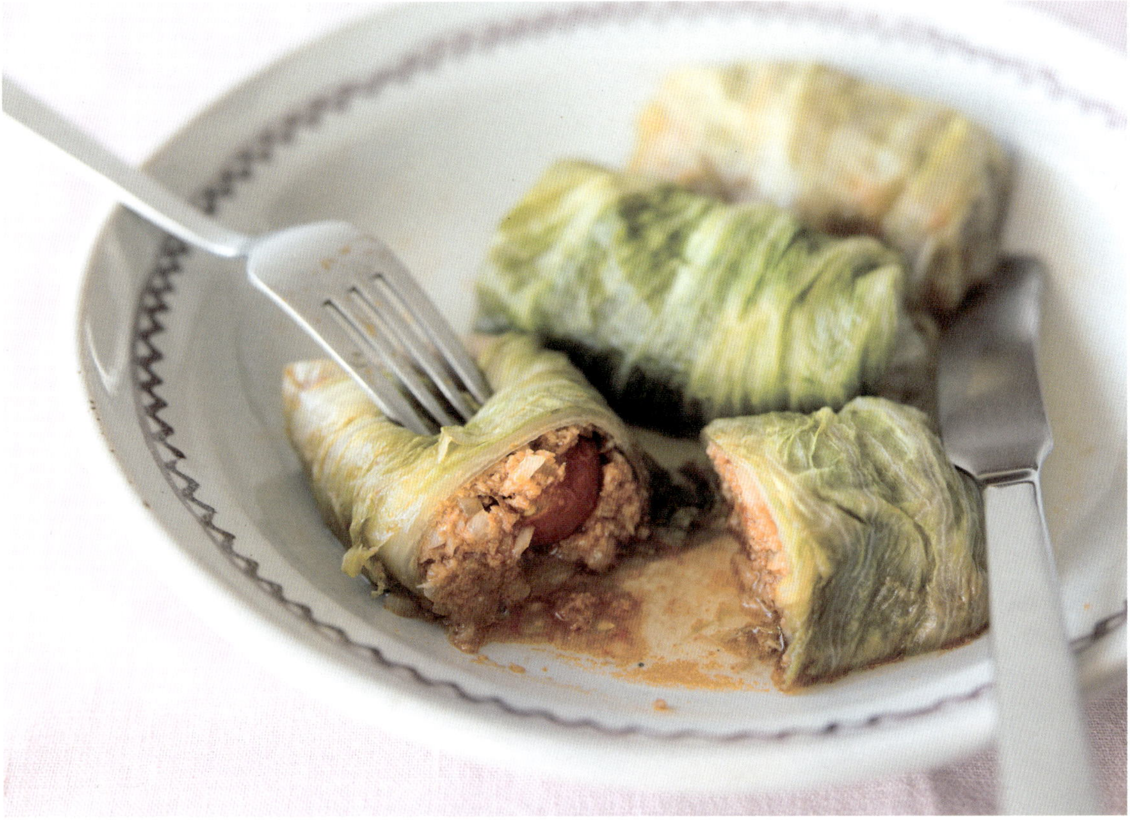

깜찍함으로 승부하는 양상추 롤

찌는 시간
중강불
17
min.

양배추보다 쉽게 베어 먹을 수 있어서 편한 양상추 롤.
고기 완자 안에 숨은 방울토마토가 맛의 비결.

깔 것 종이 포일

재료(찜기 지름 21cm, 2단／2인분)

양상추 … 바깥 면부터 6장
돼지고기 다짐육 … 150g
양파 … 1/4개
방울토마토 … 6개

A

- 케첩 … 4큰술
- 다진 생강 … 1큰술
- 다진 마늘 … 2작은술
- 간장 … 1작은술
- 치킨스톡 … 1/2작은술
- 소금 … 1/4작은술
- 후추 … 약간

조리법

1. 양파를 잘게 다져서 볼에 담는다. 돼지고기 다짐육과 A도 넣어서 잘 치대 6등분한다.
2. 양상추를 찜기에 넣은 다음, 뚜껑을 덮고 부드러워질 때까지 중강불에 2분 정도 찐다.
3. 뜨거우니 조심해서 양상추를 꺼내고, 가운데에 1과 방울토마토를 얹은 다음 속이 삐져나오지 않게 감싼다. 찜기 1단당 3개씩 놓은 다음, 뚜껑을 덮고 중강불에 15분 찐다

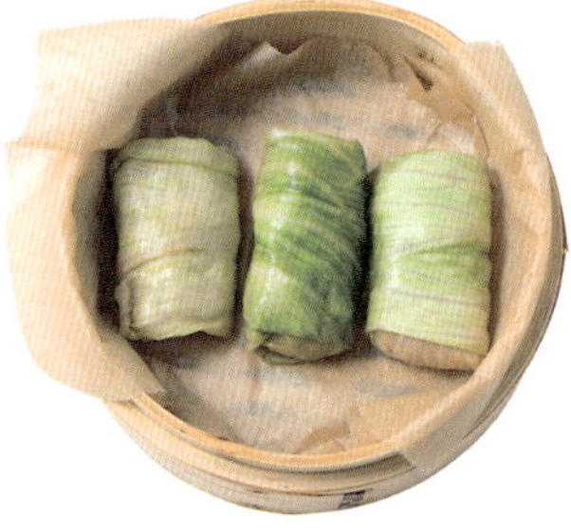

굽지 않고 간편하게 즐기는 스키야키

찜기로 만드는 스키야키

좋은 고기가 들어왔을 때 만들고 싶은 요리.
함께 찔 채소는 계절에 따라 취향껏 고르자.

깔 것

종이 포일

재료(찜기 지름 21cm, 2단／2인분)

스키야키용 소고기 … 4장
두부 … 1모
실곤약 … 1봉지
경수채 … 1묶음
표고버섯 … 2개
달걀 … 2개
A
| 간장 … 3큰술
| 맛술 … 2큰술
| 설탕 … 1작은술
| 소금 … 1/4작은술

❶ 두부는 4등분하고, 경수채는 5cm 길이로 썬다. 표고버섯은 밑동을 제거하고 십자로 칼집을 낸다.

❷ 종이 포일을 깐 찜기에 ❶과 실곤약 절반을 넣은 다음, 소고기 2장을 깔고 **A**를 섞어서 절반 뿌린다. 똑같이 1단을 더 만든다. 2단을 쌓아서 뚜껑을 덮고 중강불에 10분 찐다.

❸ 다 찌면 날달걀을 풀어서 찍어 먹는다.

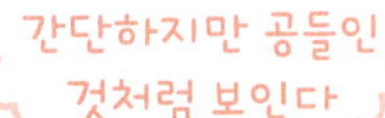

매콤한 맛에 중독!

자꾸자꾸 먹고 싶은 마파당면

다짐육 대신 대패삼겹살을 써서 볼륨 만점.
찜기로 조리하면 당면을 물에 불릴 필요도 없다.

찌는 시간
중강불
10
min.

깔 것 종이 포일

재료(찜기 지름 21cm, 1단／2인분)

실당면 … 60g	참깨 … 적당량
달걀 … 2개	**A**
대패삼겹살 … 60g	물 … 4큰술
당근 … 1/3개	맛술 … 2큰술
대파 … 1/3대	치킨스톡
숙주나물 … 30g	… 1.5작은술
부추 … 3대	간장·두반장
마늘 … 2쪽	… 각 2작은술
생강 … 1쪽	
참기름 … 1작은술	

조리법

① 당근은 채 썰고, 대파는 3cm 길이로 어슷하게 썰고, 부추는 3cm 길이로 썬다. 마늘과 생강은 잘게 다진다.

② 종이 포일을 깐 찜기에 당면을 넣고 채소를 올린 다음, 돼지고기로 덮고 **A**를 섞어서 두른다. 종이 포일 바깥쪽에는 달걀을 넣어서 뚜껑을 덮고 중강불에 10분 찐다.

③ 다 찌면 달걀을 꺼내고, 골고루 섞은 다음 그릇에 담는다. 달걀은 껍데기를 벗기고 반으로 잘라 그릇에 담는다. 참기름과 참깨를 뿌려서 완성한다.

후이궈러우 찜

채소를 쪄서 감칠맛을 최대로 끌어올린 후이궈러우.
너무 오래 찌지 않고 채소의 아삭한 식감을 살리는 것이 맛의 비결.

찌는 시간
중강불
10
min.

깔 것 종이 포일

재료(찜기 지름 21cm, 1단／2인분)
대패삼겹살 … 150g
양배추 … 3장
피망 … 2개
대파 … 15cm
A
　간장·맛술 … 각 1큰술
　춘장 … 1.5작은술
　미소·다진 마늘 … 각 1작은술
　설탕 … 1/2작은술

조리법

1. 양배추는 3cm 크기의 정사각형으로, 돼지고기는 5cm 간격으로 썬다. 피망은 꼭지와 씨를 제거해 한입 크기로 썬다. 대파는 3cm 길이로 어슷하게 썬다.

2. 종이 포일을 깐 찜기에 **1**을 넣고 **A**를 섞어서 두른 다음, 뚜껑을 덮고 중강불에 10분 찐다. 골고루 섞어서 그릇에 담는다.

따끈따끈한 치즈에 채소를 잔뜩 찍어 먹을래!

치즈가 살살 녹는
찜기 퐁듀

알록달록한 재료를 쓰면 한층 화려해져서 즐겁다.
눌어붙기 쉬운 치즈 퐁듀도 찜기로 만들면 마지막까지 부드럽게 유지된다.

깔 것

종이 포일

재료(찜기 지름 21cm, 1단／2인분)

카망베르 치즈 … 1개
비엔나소시지 … 4개
감자 … 1개
브로콜리 … 5송이
파프리카(빨강) … 1/2개
콜리플라워 … 5송이
단호박 … 1/8개
소금 … 1/4작은술
후추 … 적당량

조리법

① 채소는 제각기 먹기 좋은 크기로 썬다.

② 치즈를 작게 자른 종이 포일에 올려서 찜기 가운데 놓는다. 나머지 재료를 주위에 담은 다음, 뚜껑을 덮고 중강불에 7분 찐다.

③ 다 찌면 치즈 윗면의 딱딱한 부분을 칼로 도려내고 소금과 후추를 뿌린다. 재료를 치즈에 찍어 먹는다.

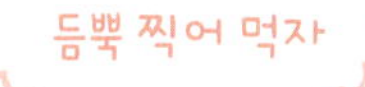

통조림도 찜기로 쪄서 부드럽고 촉촉하게

고등어 통조림 토마토찜

기름진 고등어와 상큼한 산미가 있는 토마토의 만남!
술하고도 잘 어울리는 세련된 양식 요리.

찌는 시간
중강불
10
min.

깔 것 종이 포일

재료(찜기 지름 21cm, 1단／2인분)

고등어 통조림 … 1캔
토마토 … 1/2개
차조기 … 1장
생강 … 큰 것 1쪽
맛술 … 1작은술
소금 … 1/2작은술
후추 … 적당량

조리법

① 고등어 통조림은 물기를 뺀다. 토마토는 반달 모양으로 썰고, 생강은 채 썬다.

② 종이 포일을 깐 찜기에 고등어와 토마토를 넣고, 생강을 얹은 다음 맛술과 소금을 뿌린다.
뚜껑을 덮고 중강불에 10분 찐다.

③ 다 찌면 그릇에 담고, 차조기를 손으로 잘게 찢어서 얹은 다음 후추를 뿌린다.

연어 간장버터찜

퍽퍽해지기 쉬운 연어 살도 찜기에 찌면 보들보들!
냉동 연어를 쓸 경우에는 5분 더 찐다.

찌는 시간
중강불
15
min.

깔 것 종이 포일

재료(찜기 지름 21cm, 1단／1인분)

소금에 절인 연어 … 1토막
청경채 … 1/2포기
잎새버섯 … 1/2팩
양파 … 1/4개
버터 … 8g
간장 … 1/2큰술

조리법

1. 양파는 얇게 썬다. 청경채는 세로로 반 가른다.
2. 종이 포일을 깐 찜기에 양파를 넣고 연어를 깐 다음, 빈 공간에 청경채와 잘게 찢은 잎새버섯을 넣는다.
3. 버터를 얹고 간장을 두른 다음, 뚜껑을 덮고 중강불에 15분 찐다.

혼자서 한 통도 거뜬하게

통양상추찜

우리 집 단골 메뉴. 찐 양상추의 독특한 식감에 빠져든다!
간 무를 잔뜩 얹으면 맛있다.

깔 것

없음

재료(찜기 지름 21cm, 1단／1인분)

대패삼겹살 … 100g
양상추 … 1통
무 … 6cm
폰즈간장 … 적당량

조리법

1. 양상추는 손으로 찢어 찜기에 넣는다. 양상추 사이사이에 돼지고기를 끼운 다음, 뚜껑을 덮고 중강불에 5분 찐다.

2. 찌는 동안 무를 간다. 다 찌면 그릇에 담고, 간 무를 얹은 다음 폰즈간장을 두른다.

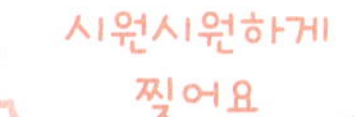

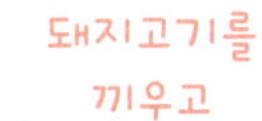

폭신 녹진 촉촉

통가지찜

따끈할 때 먹어도 맛있고, 식혀서 먹어도 맛있어서 고민….
가지는 물들지 않게 껍질을 벗겨서 찐다.

찌는 시간
중강불
15
min.

깔 것　면포

재료(찜기 지름 21cm, 1단／2~3인분)

가지 … 3개
〈소스〉
　대파 … 10cm
　간장 … 2큰술
　다진 생강 … 소복하게 1큰술

조리법

① 가지는 껍질을 벗겨 10분 동안 물에 담근다. 그동안 대파를 잘게 다져서 볼에 넣고, 간장과 다진 생강을 함께 섞어 소스를 만든다.

② 면포를 깐 찜기에 가지를 넣은 다음, 뚜껑을 덮고 중강불에 10분 찐다.

③ 다 찌면 그릇에 담고 소스를 끼얹는다.

참치 치즈 통양파찜

양파를 통째로 쪄서 보는 재미도 있는 요리.
참치와 치즈는 무조건 맛있는 조합!

찌는 시간
중강불
25
min.

깔 것 종이 포일

재료(찜기 지름 21cm, 1단／2~3인분)

양파 … 3개
참치 통조림 … 2캔
가다랑어포 … 1봉지(2g)
A
　피자치즈 … 15g
　간장·마요네즈 … 각 1큰술
　후추 … 적당량

조리법

① 양파는 꼭지를 수평으로 잘라낸다. 윗부분을 1cm 정도 잘라서 뚜껑처럼 쓴다.

② 양파 바닥이 뚫리지 않을 만큼만 숟가락으로 속을 파내서 다진다. 다진 양파와 기름기를 뺀 참치, **A**를 볼에 넣어서 골고루 섞는다.

③ 속을 파낸 양파에 ②를 꾹꾹 눌러 담는다. 종이 포일을 깐 찜기에 넣고, 빈 공간에 양파 윗부분도 넣는다. 뚜껑을 덮고 중강불에 25분 찐다.

④ 다 찌면 그릇에 담아 가다랑어포를 뿌린다.

감탄이 절로 나오는 부드러운 단맛!

궁극의 고구마 샐러드

고구마는 찜기에 찌면 단맛이 깊어진다.
너무 많이 으깨지 말고 파근파근한 식감을 살리면 좋다.

찌는 시간
중강불
25
min.

깔 것 면포

재료(찜기 지름 21cm, 1단／2인분)

고구마 … 중간 크기 1개
달걀 … 2개
큐브 치즈(베이비 치즈) … 2개
A
│ 마요네즈 · 참깨 … 각 2큰술
│ 소금 … 1/2작은술

(조리법)

① 고구마는 1cm 폭으로 둥글게 썰고, 물에 담가 전분을
제거한다. 큐브 치즈는 6등분한다.

② 면포를 깐 찜기에 고구마를 넣고, 면포 바깥쪽에는 달
걀을 넣어서 뚜껑을 덮고 중강불에 찐
다. 10분이 지나면 달걀을 꺼내서
찬물에 담갔다가 껍데기를 깐다.
고구마는 15분 더 찐다.

③ 찐 고구마와 달걀을 볼에 넣고,
뜨거울 때 가볍게 으깬다. 큐브
치즈와 **A**를 넣고 섞은 다음 그
릇에 담는다.

소송채 리본 고기말이

욕심을 부려서 재료를 잔뜩 마는 바람에 조금 큼직해진 모양새. (^^)
팽이버섯의 오독오독한 식감도 즐기기 좋은 고기말이.

찌는 시간
중강불
10
min.

깔 것　구멍을 뚫은 종이 포일

재료(찜기 지름 21cm, 1단／1~2인분)

소송채 … 1포기
돼지 뒷다리살 슬라이스 … 5장
당근 … 1개
팽이버섯 … 1/2봉지
A
　고추장·참기름 … 각 2작은술
　간장 … 1작은술
　식초·설탕 … 각 1/2작은술

조리법

1. 소송채는 뿌리를 잘라내고 바깥쪽 5줄기를 찜기에 넣은 다음, 뚜껑을 덮고 중강불에 3분 찐다.

2. 팽이버섯은 반으로 썰고, 당근은 팽이버섯과 같은 길이로 채 썬다. 남은 소송채도 팽이버섯과 같은 길이로 썬다.

3. 돼지고기에 ②의 1/5을 얹어서 말고, ①을 1줄기 둘러서 묶는다. 총 5개를 똑같이 만들어서 종이 포일을 깐 찜기에 올린 다음, 뚜껑을 덮고 중강불에 7분 찐다.

4. 다 찌면 그릇에 담고, **A**를 섞어서 곁들여 먹는다.

기름 없이 더 건강하게

제철 채소 절임

고기와 채소를 한꺼번에 쪄서 절임용 간장에 담그면 완성!
밑반찬으로 좋다.

찌는 시간
중강불
10
min.

깔 것   구멍을 뚫은 종이 포일

재료(찜기 지름 21cm, 1단／만들기 쉬운 분량)

닭가슴살 … 100g
방울토마토 … 5개
적양파 … 1개
가지 … 1개
당근 … 1/2개
옥수수 … 1/2개
주키니호박(초록·노랑)
　 … 각 1/2개

A
대파 … 10cm
차조기 … 4장
물 … 80ml
간장 … 3큰술
맛술 … 2큰술
식초 … 1.5큰술
다진 생강·참기름
　 … 각 1큰술
설탕 … 1작은술
시치미 … 1/4작은술

조리법

❶ 닭고기와 채소는 먹기 좋은 크기로 썬다.

❷ 종이 포일을 깐 찜기에 ❶을 넣은 다음,
뚜껑을 덮고 중강불에 10분 찐다.

❸ **A**의 대파와 차조기는 다
져서 보관 용기에 담고,
나머지 재료를 넣는
다. 다 찌면 뜨거울
때 보관 용기에 담
아 식힌 다음 냉장
고에 넣어 한나절
이상 둔다.

※ 보존기간은 냉장 기준 약 3일.

드레스 같은 방울토마토 고기말이

방울토마토에 고기와 채소를 드레스처럼 둘러서 연출.
채소를 소금물에 절이면 연해져서 부러지는 일 없이 쉽게 말 수 있다.

찌는 시간
중강불
10
min.

깔 것   구멍을 뚫은 종이 포일

재료(찜기 지름 21cm, 1단／1~2인분)

대패삼겹살 … 7장
방울토마토 … 7개
가지 … 1개
당근 … 1/2개
주키니호박(초록·노랑) … 각 1/2개
올리브유 … 2큰술
소금 … 1/2작은술
후추 … 적당량

조리법

1. 가지는 칼로 얇게 썰고, 당근과 주키니호박은 필러로 얇게 썬다. 볼에 물을 받아서 소금 1큰술(재료에 적힌 분량 외)을 넣고, 채소가 연해질 때까지 담가둔다.

2. 돼지고기, 주키니호박, 가지, 당근 순서로 쌓고 끄트머리에 방울토마토를 놓는다. 방울토마토를 굴리듯이 말아서 이쑤시개로 끝을 고정한다.

3. 종이 포일을 깐 찜기에 ❷를 올린 다음, 뚜껑을 덮고 중강불에 10분 찐다.

4. 다 찌면 그릇에 담아 올리브유와 소금, 후추를 뿌린다.

푹 빠져드는 아삭한 식감

우엉조림 아니고 우엉찜

프라이팬에 볶아서 만드는 우엉조림을 우엉찜으로.
간단한 재료도 찜기만 있으면 절로 맛있어진다.

찌는 시간
중강불
7
min.

깔 것 종이 포일

재료(찜기 지름 21cm, 1단／2인분)

당근 … 1/2개
우엉 … 1개(130g)
참기름 … 1큰술
참깨 … 2큰술
A
　맛술 … 1큰술
　소금 … 1작은술
　치킨스톡 … 1/4작은술

조리법

❶ 당근과 우엉은 먹기 좋은 길이로 채 썬다. 우엉은 물에 담가 떫은맛을 제거한다.

❷ 종이 포일을 깐 찜기에 ❶을 넣고 **A**를 뿌린 다음, 뚜껑을 덮고 중강불에 7분 찐다.

❸ 골고루 섞어서 그릇에 담고, 참기름과 참깨를 뿌린다.

쫄깃쫄깃 양념버섯

찌는 시간
중강불
5
min.

버섯은 너무 많이 찌지 않는 것이 핵심.
쫄깃한 식감을 즐기기 좋은 매콤한 요리. 시치미로 매운맛을 조절하자.

깔 것　종이 포일

재료(찜기 지름 21cm, 1단／2인분)
좋아하는 버섯(팽이버섯, 새송이버섯,
　만가닥버섯 등) … 200g
참기름 · 시치미 … 각 1작은술
A
│ 케첩 … 2큰술
│ 간장 … 2작은술
│ 고추장 … 1.5작은술
│ 다진 마늘 … 1작은술

조리법

① 버섯은 전부 밑동을 제거하고 잘게 찢는다.
② 종이 포일을 깐 찜기에 **①**을 넣고 **A**를 섞어서 두른
　다음, 뚜껑을 덮고 중강불에 5분 찐다.
③ 다 찌면 골고루 섞어 그릇에 담고,
　참기름과 시치미를 뿌린다.

명란젓과 크림치즈가 사르르

명란젓과 크림치즈를 채운
아보카도 소고기말이

찌는 시간
중강불
5
min.

너무 오래 찌지 않아야 명란젓의 식감이 살아 있다.
재료의 맛이 뚜렷하기 때문에 그대로 먹어도 좋다.

깔 것 구멍을 뚫은 종이 포일

재료(찜기 지름 21cm, 1단／2인분)
아보카도 … 1개
명란젓 … 1/2덩이
크림치즈 … 2작은술
스키야키용 소고기 … 2장
간장·와사비 … 선택

조리법

① 아보카도는 반으로 갈라서 씨를 제거하고, 발라낸 부분에 명란젓과 크림치즈를 채워서 소고기로 만다.

② 종이 포일을 깐 찜기에 ①을 넣는다. 뚜껑을 덮고 중강불에 5분 찐다.

③ 다 찌면 각각 반으로 잘라서 그릇에 담는다. 취향껏 간장에 와사비를 풀어서 곁들인다.

새우를 넣은 순무찜

손님에게 대접하기 딱 좋은 요리. 새우는 깐 새우를 쓰면 손질할 필요가 없다.
여기서 남은 무청은 비빔밥(P.71) 재료로 활용하자!

찌는 시간
중강불
15
min.

깔 것   종이 포일

재료(찜기 지름 21cm, 1단／2~3인분)

순무 … 3개
깐 새우 … 5마리
실파 … 3대
생강 … 1쪽
간장 · 고추기름(라유) … 적당량
A
　감자 전분 … 1.5큰술
　소금 … 1/4작은술
　맛술 … 1큰술

조리법

① 순무는 줄기를 1cm가량 남겨서 썰고, 바닥이 평평해지
게끔 아래쪽을 얇게 잘라낸다. 윗부분을 1cm 정도 잘라
서 뚜껑처럼 쓰고, 숟가락으로 속을 파낸다. 실파는 송송
썰고 생강은 채 썬다.

② 순무 속과 새우를 칼로 다져서 볼에
넣는다. 실파와 **A**를 함께 잘 섞은
다음, 순무 안에 숟가락으로 꾹
꾹 눌러 담는다.

③ 종이 포일을 깐 찜기에 ❷를 넣
은 다음 생강을 올리고, 빈 공간
에 순무 윗부분도 넣는다. 뚜껑을
덮고 중강불에 15분 찐다.

④ 다 찌면 간장과 고추기름을 끼얹는다.

배 속까지 따뜻하게

두부찜 버섯 앙카케*

버섯 맛이 잘 우러난 앙카케를 끼얹고, 위에 얹은 우메보시를
으깨가며 먹는다. 간 무도 찌면 달큼해진다.

찌는 시간
중강불
5
min.

깔 것 면포, 내열 그릇

재료(찜기 지름 21cm, 1단／1인분)

연두부 … 1/2모
무 … 10cm
우메보시 … 1개
〈버섯 앙카케〉
　나도팽나무버섯**(나메코) … 1봉지
　팽이버섯 … 1/2봉지
　생강 … 1쪽
A
　간장·맛술 … 각 1큰술
　물 … 60~80ml
　감자 전분 … 1작은술

조리법

① 무는 곱게 간다. 내열 그릇에 연두부와 간 무, 우메보시를 올린다. 면포를 깐 찜기에 그릇을 넣은 다음, 뚜껑을 덮고 중강불에 5분 찐다.

② 찌는 동안 팽이버섯은 밑동을 제거한 다음 큼지막하게 썰고, 생강은 채 썬다.

③ 냄비에 **A**와 나도팽나무버섯, ②를 넣고, 걸쭉해질 때까지 중불에 끓인다.

④ ①을 다 찌면 그 위에 ③을 끼얹는다.

*앙카케: 전분을 풀어 걸쭉하게 만든 소스. 또는 그 소스를 끼얹은 요리.
**나도팽나무버섯은 구하기 어려우니 황금 팽이버섯 등 좋아하는 버섯으로 대체해도 된다.

참마 달걀 앙카케

간 참마와 달걀을 섞어서 찐다. 이미 갈아서 나온 시판 상품을
대신 써도 된다. 앙카케에 표고버섯이나 팽이버섯을 넣어도 맛있다!

찌는 시간
중강불
10
min.

깔 것 면포, 내열 그릇

재료(찜기 지름 21cm, 1단／1인분)

참마 … 4cm
달걀 … 1개
실파 … 적당량
A
| 맛술 … 1큰술
| 소금 … 2꼬집
〈앙카케〉
　게맛살 … 2개
B
| 간장·맛술·감자 전분·치킨스톡
　　… 각 1작은술
| 물 … 100ml

조리법

❶ 참마는 곱게 갈고, 실파는 송송 썬다. 내열
그릇에 참마와 달걀, **A**를 넣어 섞는다. 면
포를 깐 찜기에 그릇을 넣은 다음, 뚜껑을
덮고 중강불에 10분 찐다.

❷ 프라이팬에 게맛살을
손으로 찢어 올리고,
B를 넣어서 끓인
다.

❸ ❶을 다 찌면 그
위에 ❷를 끼얹고
실파를 뿌린다.

한꺼번에 찌기만 하면 완성!

찜기로 만드는 푸짐한 비빔밥

온갖 재료를 썰고, 하나하나 볶아서 간을 하고….

제법 손이 많이 가는 비빔밥. 하지만 찜기를 이용하면 한 번에 만들 수 있고,

기름도 쓰지 않아서 더 건강하다!

깔 것

종이 포일

재료(찜기 지름 21cm, 1단／1인분)

불고기용 소고기 … 80g
양파 … 1/4개
당근 … 1/3개
부추 … 3대
숙주나물 … 1줌
김치 … 적당량
달걀 반숙(온천 달걀) … 1개
밥 … 1그릇
A
  고추장 · 간장 · 맛술 … 각 1작은술
  설탕 · 다진 마늘 … 각 1/4작은술
B
  치킨스톡 · 참기름 … 각 1작은술

조리법

1. 양파는 얇게 썰고, 당근은 3cm 길이로 채 썰고, 부추는 3cm 길이로 썬다.

2. 찜기에 종이 포일을 2장 깔아서 두 구역으로 나눈다. 한쪽에는 소고기와 양파를 넣고 **A**를 두른다. 다른 한쪽에는 당근과 부추, 숙주나물을 넣고 **B**를 두른 다음, 뚜껑을 덮고 중강불에 12분 찐다.

3. 다 찌면 밥 위에 얹어서 김치와 달걀 반숙을 곁들인다.

위풍당당한 모습이 눈요깃거리

통단호박 카레

단호박을 으깨서 속과 섞어가며 먹는다.
단호박의 단맛뿐만 아니라 카레의 매콤한 맛도 잘 느껴진다.

찌는 시간
중강불
40
min.

깔 것 종이 포일

재료(찜기 지름 21cm, 2단／2인분)

단호박 … 작은 것 1개
닭고기 다짐육 … 40g
만가닥버섯 … 1/3팩
가지 … 1개
양파 … 1/4개
방울토마토 … 2개
난 … 2장
A
| 케첩 … 2큰술
| 카레 가루 … 2작은술
| 간장·맛술·버터 … 각 1작은술
| 치킨스톡 … 1/2작은술
| 소금 … 1/4작은술

조리법

① 단호박은 꼭지를 아래로 향하게 찜기에 넣은 다음, 뚜껑을 덮고 중강불에 10분 찐다.

② 찌는 동안 만가닥버섯과 채소를 한입 크기로 썰어서 볼에 넣고, 닭고기 다짐육과 **A**를 함께 넣어 섞는다.

③ ①을 다 찌면 화상에 주의해가며 꺼내고, 꼭지가 있는 윗부분을 2cm 정도 잘라서 뚜껑처럼 쓴다. 숟가락으로 단호박 속을 파낸 다음 ②를 채운다.

④ ③을 찜기에 넣은 다음, 뚜껑을 덮고 중강불에 찐다. 중간에 4차례 정도 뚜껑을 열어서 속이 잘 익도록 섞는다. 15분 정도 찌면 단호박 윗부분을 먼저 꺼내고 10분 더 찐다. 다른 찜기에 종이 포일을 깔고 난을 넣은 다음, 찜기를 겹쳐서 5분 더 찐다.

무청 비빔밥

수년째 만들고 있는 비빔밥은 평생 먹어도 질리지 않을 만큼 취향 저격!
채소는 너무 오래 찌지 않아야 식감과 색이 살아 있다.

찌는 시간
중강불
5
min.

깔 것 면포

재료(찜기 지름 21cm, 1단／2인분)

밥 … 쌀 1컵 분량	**A**
무청 … 3개 분량	가다랑어포 … 1봉지(2g)
당근 … 1/3개	참깨 … 2큰술
대파 … 15cm	간장 … 1큰술
만가닥버섯 … 2/3팩	참기름 … 1작은술
생강 … 2쪽	소금 … 1/4작은술
	시치미 … 적당량

조리법

① 무청과 만가닥버섯, 대파는 다지고, 당근과 생강은 채 썬다.

② 면포를 깐 찜기에 ①을 넣은 다음, 뚜껑을 덮고 중강불에 5분 찐다.

③ 된밥을 지어 ②와 A를 넣고 골고루 섞는다.

동글동글 귀엽게

죽순과 양하를 넣은 고기말이 주먹밥

찌는 시간
중강불
10
min.

날고기로 감싸서 찌면 고기가 수축해 주먹밥 모양이 예쁘게 잡힌다.
위에 얹은 우메보시도 귀엽다.

깔 것 구멍을 뚫은 종이 포일

재료(찜기 지름 21cm, 1단／2인분)

밥 … 쌀 1컵 분량
대패삼겹살 … 8장
양하 … 2개
데친 죽순 … 100g
우메보시 … 2개
소금·참깨 … 적당량
A
　참깨 … 2큰술
　간장 … 2작은술
　소금 … 1/2작은술

조리법

1. 양하와 죽순은 다진다. 우메보시는 씨를 제거하고 다진다.

2. 밥에 양하와 죽순, **A**를 넣어 골고루 섞고 8~10등분한다.

3. **2**를 둥글게 빚어 돼지고기로 말고, 종이 포일을 깐 찜기에 넣은 다음 뚜껑을 덮고 중강불에 10분 찐다.

4. 다 찌면 그릇에 담아 우메보시를 얹고 소금과 참깨를 뿌린다.

간단 달걀볶음밥

볶지 않아서 볶음밥이라고 불러도 될지 모르겠지만…. (^^)
찬밥을 쓰면 질척해지지 않는다!

찌는 시간
중강불
10
min.

깔 것　종이 포일

재료(찜기 지름 21cm, 1단／1~2인분)

밥 … 쌀 1/2컵 분량
양파 … 1/4개
완두순 … 1줌
달걀 … 1개
A
　참기름 … 1큰술
　소금·치킨스톡 … 각 1/4작은술
　후추 … 약간

조리법

① 양파는 잘게 다진다. 달걀은 풀어둔다.

② 종이 포일을 깐 찜기에 밥과 양파를 넣고 달걀물을 두른 다음, 뚜껑을 덮고 중강불에 10분 찐다.

③ 다 찌면 완두순을 주방 가위로 잘라서 뿌리고, **A**를 넣어 골고루 섞는다.

73

양념이 밴 고기가 부드럽다!

두고두고 먹고 싶은 돼지고기 생강찜

집에 와서 찌기만 하면 바로 먹을 수 있는 밑반찬 레시피.
냉장고에 3일간 보관할 수 있어, 넉넉하게 만들어두면 좋다.

찌는 시간
중강불
10
min.

깔 것　종이 포일

재료(찜기 지름 21cm, 1단／1인분)
돼지 등심 슬라이스 … 4장
생강 … 2쪽
양배추 … 1/4통
마요네즈 … 1큰술
A
│ 간장 … 3큰술
│ 맛술 … 2큰술
│ 설탕 … 1작은술

※소분 후 보존기간은 냉장 기준 약 3일.

조리법

① 생강은 잘게 다진다. 지퍼백에 돼지고기와 생강, **A**를 넣고 가볍게 주무른 다음, 냉장고에 넣어 하룻밤 이상 재운다.

② ①을 꺼내서 종이 포일을 간 찜기에 넣은 다음, 뚜껑을 덮고 중강불에 10분 찐다.

③ 찌는 동안 양배추를 채 썬다. 다 찌면 그릇에 담아 양배추와 마요네즈를 곁들인다.

소고기 떡볶이찜

고기도 채소도 탄수화물도 한 그릇에 해결할 수 있어 대만족!
떡볶이떡은 찌면 쫄깃해져서 더 맛있다.

찌는 시간
중강불
10
min.

깔 것 종이 포일

재료(찜기 지름 21cm, 1단／2인분)

불고기용 소고기 … 100g
떡볶이떡 … 20개
대파 … 1/4대
무 … 5cm
당근 … 1/3개
간장 … 2큰술
맛술 … 1.5큰술
고추장 … 1작은술
두반장 … 1/2작은술

※소분 후 보존기간은 냉장 기준 약 3일.

조리법

❶ 당근은 둥글게 썰고, 무는 채 썰고, 대파는 어슷하게 썬다. 지퍼백에 모든 재료를 넣고 가볍게 주무른 다음, 냉장고에 넣어 하룻밤 이상 재운다.

❷ ❶을 꺼내서 종이 포일을 깐 찜기에 넣은 다음, 뚜껑을 덮고 중강불에 10분 찐다.

부드러운 달걀과 양파가 안겨주는 행복!

맛깔나는 닭고기덮밥

닭고기가 놀랄 만큼 부드러워진다!
달걀은 반숙이 되게끔 지켜보면서 가열한다.

찌는 시간
중강불
16
min.

깔 것　종이 포일

재료(찜기 지름 21cm, 1단／1~2인분)

닭다리살 … 1개
양파 … 1/2개
달걀 … 2개
맛술 … 1작은술
소금 … 2꼬집
밥 … 1~2그릇
A
| 맛술 … 2큰술
| 소금 … 1작은술
| 치킨스톡 … 1/4작은술

※ 소분 후 보존기간은 냉장 기준 약 3일.

조리법

① 양파는 얇게 썰고, 닭고기는 한입 크기로 자른다. 지퍼백에 **A**를 함께 넣고 충분히 주무른 다음, 냉장고에 넣어 하룻밤 이상 재운다.

② 달걀을 풀어서 맛술과 소금을 넣는다. ①을 꺼내서 종이 포일을 깐 찜기에 넣은 다음, 뚜껑을 덮고 중강불에 찐다. 15분이 지나면 달걀물을 넣고 1분 더 찐다.

③ 다 찌면 밥에 얹어 먹는다.

입에서 살살 녹는 돼지고기덮밥

미소의 감칠맛이 돋보이는 일품 돼지고기덮밥. 소분해두었다가
먹고 싶을 때 찌기만 하면 완성! 2~3일 놔두면 양념이 배어서 더 맛있다.

찌는 시간
중강불
20
min.

깔 것　종이 포일

재료(찜기 지름 21cm, 1단／2인분)

삼겹살 … 200g
순무 … 1개
부추 … 4대
생강 … 큰 것 1쪽
마늘 … 1쪽
달걀노른자 … 2개
대파 … 적당량
참깨 … 적당량
밥 … 2그릇

A
미소·맛술 … 각 3큰술
간장 … 1큰술

※소분 후 보존기간은 냉장 기준 약 3일.

조리법

1. 돼지고기는 1cm 간격으로 썰고, 순무는 반달 모양으로 썰고, 부추는 3cm 길이로 썬다. 생강은 채 썰고, 마늘은 잘게 다진다.

2. 지퍼백에 ❶과 **A**를 넣고 충분히 주무른 다음, 냉장고에서 하룻밤 이상 재운다.

3. ❷를 꺼내서 종이 포일을 깐 찜기에 넣은 다음, 뚜껑을 덮고 중강불에 20분 찐다. 찌는 동안 대파를 잘게 다진다.

4. 다 찌면 ❸을 국물째 밥에 얹고, 달걀노른자를 올린 다음 대파와 참깨를 뿌린다.

크림치즈를 넣어 진득하고 농후하게

치즈 푸딩

집에 있는 재료로 만들 수 있고,
밤에 만들어두면 다음 날이 기다려진다!
크림치즈를 넣어서 농후한 풍미가 돋보인다.

깔 것

내열 용기

재료(찜기 지름 21cm, 1단／지름 15cm×
높이 3cm 내열 용기 1개 분량)

크림치즈 … 70g
설탕 … 18g
달걀 … 1개
우유 … 100ml
A
| 설탕 … 50g
| 물 … 2큰술

조리법

1. 크림치즈를 내열 용기에 담아서 찜기에 넣은 다음, 뚜껑을 덮고 중강불에 2분 찐다. 크림치즈가 부드러워지면 찜기에서 꺼내 볼에 옮기고, 설탕을 넣어서 알갱이가 없어질 때까지 거품기로 젓는다.

2. 내열 용기에 우유를 붓고 찜기에 넣어서 잔열로 데운다. 1의 볼에 달걀을 넣고 덩어리가 지지 않게 잘 섞은 다음, 데운 우유를 조금씩 넣어가며 마저 섞는다.

3. 2를 체로 걸러서 다른 내열 용기에 부은 다음 찜기에 넣는다. 뚜껑을 살짝 연 채로 중약불에 10분 찐다.

4. 불을 끄고 뚜껑을 덮은 다음 10~15분 정도 뜸을 들인다. 찜기에서 꺼내 완전히 식으면 냉장고에서 5시간 이상 굳힌다.

5. 캐러멜 소스를 만든다. 프라이팬에 **A**를 넣은 다음, 젓지 말고 프라이팬을 살살 움직이며 갈색이 될 때까지 중불에 끓여서 4에 끼얹는다.

부드러운 사과와 버터가 자아내는 행복한 맛

통째로 찌는 간단 사과 디저트

찌기만 했을 뿐인데 부드럽고 달콤한 맛과 향에 마음까지 녹는다.
품종에 따라 찌는 시간이 달라지므로 상태를 확인해가며 익힌다.

찌는 시간
중강불
20
min.

깔 것 없음

재료(찜기 지름 21cm, 1단／2인분)

사과 … 1개
설탕 … 1작은술
버터 … 8g
시나몬 파우더 … 선택

조리법

1 사과는 잘 씻어서 반으로 자르고, 숟가락으로 씨를 파낸다.

2 씨를 파낸 자리에 버터와 설탕을 반씩 얹어서 찜기에 넣은 다음, 뚜껑을 덮고 과육이 흐물흐물 해질 때까지 중강불 에 20분 정도 찐다.

3 다 찌면 그릇에 담 고, 취향껏 시나몬 파우더를 뿌린다.

팥앙금 경단

갓 쪄낸 떡은 맛도 식감도 차원이 다르다! 콩가루나 달짝지근한
간장 소스도 어울린다. 너무 오래 찌면 질어지므로 주의!

찌는 시간
중강불
10
min.

깔 것　면포

재료(찜기 지름 21cm, 1단／12개 분량)

멥쌀가루 … 100g
소금 … 1꼬집
뜨거운 물 … 120ml～
팥앙금 … 적당량

조리법

❶ 볼에 멥쌀가루와 소금을 넣고 뜨거운 물을 섞어가며 반죽
한다. 가루 없이 한 덩어리로 뭉쳐지고,
귓불처럼 말랑말랑해질 때까지 잘
반죽한다.

❷ 적당히 12등분해서 손에 물을 묻
혀가며 둥글게 빚는다. 면포를
적신 다음 물기를 꼭 짜서 찜기
에 깐다. 경단 반죽이 서로 붙지
않게 간격을 두어 놓는다. 뚜껑을
덮고 중강불에 10분 찐다.

❸ 그릇에 담아 팥앙금을 올린다.

한 번에 최대 5가지 완성!

동시 조리 찜기 레시피

자잘한 반찬이 다채롭게 올라간 식탁은 생각만 해도 즐겁지요.
하나하나 만들려면 수고롭지만, 찜기를 쓰면 한 번에 여러 가지
를 만들 수 있어요. 이번에는 찜기 하나로 한 번에 최대 5가지
요리를 만들 수 있는 비장의 레시피를 소개합니다.

조금씩 다양하게 만드는 반찬

5가지 일식 차림

갓 만들어 따끈따끈한 반찬 여러 가지를 동시에 완성하기란 힘들지만,
찜기만 있으면 한 번에 5가지나 만들 수 있다!
2인분을 만들 때는 같은 구성으로 1단을 추가해서 3분 더 찐다.

깔 것 종이 포일, 베이킹 컵, 은박 컵(또는 실리콘 베이킹 컵), 내열 용기

재료(찜기 지름 21cm, 1단／1인분)

❶ 대구 맛술찜

대구살 … 1토막
대파 … 1/3대
A
맛술 … 2큰술
소금 … 적당량

❷ 당근 두부 무침

당근 … 40g
B
연두부 … 2큰술
빻은 참깨 … 1큰술
맛술 … 1작은술
소금 … 1/4작은술

❸ 고구마 버무리

고구마 … 50g
설탕 … 1작은술
소금 … 1꼬집
쌀가루 … 20g
맛술 … 1큰술

❹ 미소 가지찜

가지 … 작은 것 1개
C
미소·맛술 … 각 1큰술
설탕 … 1/2작은술
시치미 … 적당량

❺ 소송채 절임

소송채 … 1포기
간장 … 1작은술
가다랑어포 … 1꼬집

❷ 당근은 채 썰고, **B**를 섞어서 내열 용기에 담는다.

❸ 고구마는 1cm 크기로 깍둑 썰고 설탕과 소금에 버무려서 10분 정도 두었다가 물기를 뺀다. 쌀가루와 맛술을 함께 넣어 섞고, 베이킹 컵을 올린 은박 컵 또는 종이 포일에 넣는다.

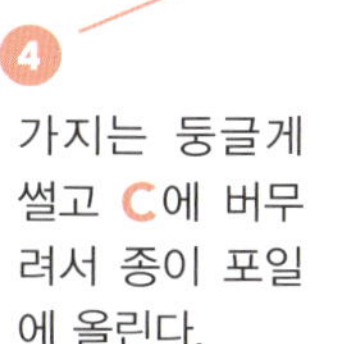

❶ 대파는 얇게 어슷하게 썬다. 종이 포일에 파를 깔고 대구살을 올린 다음 **A**를 뿌린다.

❹ 가지는 둥글게 썰고 **C**에 버무려서 종이 포일에 올린다.

❺ 소송채는 먹기 좋은 길이로 썬다.

❶∼❹를 찜기에 넣고, 빈 공간에 ❺를 넣는다. 뚜껑을 덮고 중강불에 7분 찐다. 다 찌면 ❺를 꺼내서 가다랑어포와 간장을 뿌린다.

휴일 브런치에도 제격

5가지 양식 차림

호텔 조식 같은 한 그릇이 단숨에 완성! 5가지를 한꺼번에 찌므로,
채소는 열이 골고루 퍼질 수 있게 같은 크기로 썬다.

깔 것   종이 포일, 내열 용기

재료(찜기 지름 21cm, 1단／1~2인분)

❶ 스크램블드에그
달걀 … 1개
버터 … 8g

**❷ 머스터드를 곁들인
　　비엔나소시지**
비엔나소시지 … 3개
머스터드 … 1큰술

❸ 올리브유 채소찜
브로콜리 … 4송이
방울토마토 … 4개
새송이버섯 … 1개
A
| 소금 … 2꼬집
| 후추 … 적당량
| 올리브유 … 1큰술

❹ 어른의 감자 샐러드
감자 … 2개
B
| 건포도 … 적당량
| 마요네즈 · 우유
| 　… 각 2큰술
| 소금 … 2꼬집
| 후추 … 선택

❺ 롤빵
롤빵 … 2개

조리법

❶~❺를 찜기에 넣은 다음, 뚜껑을 덮고 중강불에 7분 찐다. 다 찌면 ❶의 익은 달걀을 포크로 뒤섞는다. ❷는 머스터드에 버무려 먹는다. ❹는 볼에 담아 포크로 으깨면서 **B**에 버무린다.

찜기만 있으면 수프도 뚝딱!

5가지 중식 차림

찜기 하면 역시 중식! 감칠맛 가득한 수프까지, 5가지 요리를 한 번에 만들 수 있는 레시피. 꽃빵 대신 고기만두를 넣어도 맛있다.

깔 것 종이 포일, 내열 용기

재료(찜기 지름 21cm, 1단／1인분)

① 당면 수프

실당면 … 10g

게맛살 … 2개

실파 … 1대

생강 … 1쪽

치킨스톡 … 1/2작은술

식초 … 1/4작은술

설탕 … 1꼬집

물 … 100ml

고추기름 … 선택

② 매콤 돼지고기 파프리카찜

돼지 잡육 … 60g

파프리카(빨강·노랑) … 각 1/4개

만가닥버섯 … 20g

A

간장 … 2작은술

맛술 … 1작은술

두반장 … 1/2작은술

③ 참깨 두부

연두부 … 1/4모

소금 … 1/4작은술

참깨 … 적당량

④ 껍질 완두콩 소금찜

껍질 완두콩 … 5개

소금 … 적당량

⑤ 꽃빵

꽃빵 … 2개

② 돼지고기와 채 썬 파프리카, 잘게 찢은 만가닥버섯을 **A**에 버무려서 종이 포일에 올린다.

① 실파는 송송 썰고, 생강은 채 썬다. 게맛살은 손으로 찢는다. 내열 용기에 모든 재료를 넣는다.

④ 껍질 완두콩은 세로로 반 썬다.

③ 연두부를 종이 포일에 올리고 참깨와 소금을 뿌린다.

조리법

①～**⑤**를 찜기에 넣은 다음, 뚜껑을 덮고 중강불에 10분 찐다. 다 찌면 **①**에 취향껏 고추기름을 뿌리고, **④**에 소금을 뿌린다.

근력운동의 든든한 짝꿍

다이어트를 위한 도시락 삼총사

운동에 열심인 직장 동료의 도시락을 찜기로 재현!
찜기로 조리한 채소는 영양가가 높아서 다이어트 식단으로도
추천하는 레시피. 남은 달걀은 아침에 먹자.

깔 것　종이 포일

재료(찜기 지름 21cm, 1단／1인분)

❶ 닭가슴살찜
닭가슴살 … 1개

❷ 브로콜리찜
브로콜리 … 1/2개

❸ 찐 달걀
달걀 … 3개

❶ 닭고기는 한입 크기로 썰어
서 종이 포일에 올린다.

❷ 브로콜리는 작은 송이로
나눈다.

조리법

❶〜❸를 찜기에 넣은 다음, 뚜껑을 덮고 중강불에 10분 찐다. 불을
끄고 10분간 뜸을 들이면 완성. 달걀은 찬물에 담갔다가 껍데기를 까
서 반으로 자른다. 닭고기와 브로콜리는 식힌 다음 도시락통에 넣고
소금과 후추(재료에 적힌 분량 외)를 적당량 뿌린다.

바지락 술찜

간이 단순한데도 국물까지 맛있는 조개 술찜. 바지락은
해감된 것을 쓰면 간편하다. 체는 지름 18cm짜리를 썼다.

깔 것 종이 포일

재료(2인분)

바지락 … 200g
파드득나물 … 1포기
생강 … 1쪽
마늘 … 1쪽
A
 간장 … 1큰술
 맛술 … 약간
 소금 … 선택

조리법

❶ 파드득나물은 큼지막하게 썰고, 생강은 채 썰
고, 마늘은 편 썬다.

❷ 프라이팬에 체를 올리고 바닥이 잠기지 않을
만큼만 물을 부어서 끓인다. 체에 종이 포일을
깐 다음, 바지락과 ❶을 올리고 **A**를 두른다.
뚜껑을 덮고 중강불에 10분 찐다.

연근 사오마이

사오마이는 손이 많이 가서…. 이렇게 생각한 적이 있다면 시도해보라.
연근 구멍에 만두소를 채우기만 하면 되니 간단! 포크 하나만 써서 소를 만들 수 있다.

깔 것　없음

재료(1인분)

연근 … 3cm
A
　닭고기 다짐육 … 50g
　대파 … 8cm
　감자 전분 … 1큰술
　소금 … 약간
후추 … 적당량
〈소스〉
　간장·식초·후추 … 각 1작은술

〔조리법〕

❶ 연근은 1cm 두께로 썰고, 대파는 잘게 다진다. 볼에 **A**를 넣고 포크로 섞어서 소를 만든다.

❷ ❶에서 만든 소를 포크 뒤쪽으로 연근 구멍 사이에 밀어넣듯이 채운다.

❸ 프라이팬에 체를 올리고 바닥이 잠기지 않을 만큼만 물을 부어서 끓인다. 체에 ❷를 올리고 후추를 뿌린 다음, 뚜껑을 덮고 중강불에 15분 찐다. 소스 재료를 섞어서 곁들여 먹는다.

구멍에 소를
채우기만 하면 끝!

두부 사오마이

두부에 만두소를 채워서 파근파근 맛나다! 볼 대신 두부 팩을 쓰면
설거짓거리가 줄어든다. 잔꾀를 잔뜩 부린 레시피!

깔 것 종이 포일

재료(1인분)

두부 … 1/2모
시치미 … 선택
A
┃ 닭고기 다짐육 … 40g
┃ 실파 … 2대
┃ 차조기 … 4장
┃ 생강 … 1쪽
┃ 간장 … 2작은술
┃ 맛술·식초 … 각 1작은술

(조리법)

❶ 두부는 가운데를 숟가락으로 파낸다. 파낸 속은
두부 팩에 옮겨둔다.

❷ **A**의 실파와 차조기, 생강은 잘게 다진다. ❶의 두
부 팩에 **A**의 모든 재료를 넣고 골고루 섞어서 두
부 속을 채운다.

❸ 프라이팬에 체를 올리고 바닥이 잠기지 않을 만큼
만 물을 부어서 끓인다. 체에 종이 포일을 깔고 ❷
를 올린 다음, 뚜껑을 덮고 중강불에 15분 찐다.

❹ 그릇에 담아 취향껏 시치미를 뿌린다.

실당면 샐러드

시판 참깨 소스를 써서 손쉽게 만드는 실당면 샐러드.
찐 채소를 조리하는 동안 생채소도 준비하면 시간을 아낄 수 있다!

깔 것　없음

재료(2인분)

실당면 … 20g
당근 … 3cm
양파 … 1/4개
숙주나물 … 1/3봉지
만가닥버섯 … 1/3팩
무 … 3cm
양상추 … 1/4통
오이 … 1/4개
참깨 소스 … 적당량

조리법

❶ 당근은 먹기 쉬운 길이로 채 썬다. 양파는 얇게 썬다.

❷ 냄비에 체를 올리고 바닥이 잠기지 않을 만큼만 물을 부어서 끓인다. 체에 ❶과 숙주나물, 만가닥버섯을 넣은 다음, 뚜껑을 덮고 중강불에 5분 찐다. 당면은 체 아래 냄비에서 포장지에 적힌 시간만큼 삶는다.

❸ 찌는 동안 무와 오이는 먹기 좋은 길이로 채 썬다. 양상추는 먹기 좋은 크기로 찢는다.

❹ 볼에 물기를 뺀 실당면과 ❷의 찐 채소, ❸의 생채소를 넣고 참깨 소스를 둘러 골고루 버무린다.

찌는 시간
중강불
5
min.

차게 먹어도
맛있다

Chapter 4

다양한 응용법!
간단한 찜기 레시피의 기본

찜기로 만든 요리라고 하면 가장 먼저 무엇이 떠오르나요? 사오마이나 교자 같은 딤섬 종류? 아니면 폭신폭신한 찐빵? 이번에는 그런 기본적인 찜기 요리를 간단히 만들 수 있는 레시피를 소개합니다. 집에서 찌면 맛도 한층 각별하지요!

감칠맛 대폭발!

감칠맛 가득 버섯 사오마이

만두피 대신 팽이버섯으로 감싸서 만드는 사오마이. 감칠맛이
터져 나오는 비결은 만두소 안에도 다져 넣은 팽이버섯!

찌는 시간
중강불
10
min.

깔 것 구멍을 뚫은 종이 포일

재료(찜기 지름 21cm, 1단／2인분)

닭고기 다짐육 … 100g
팽이버섯 … 작은 것 1봉지
새송이버섯 … 1/2개
만가닥버섯 … 1/3팩
표고버섯 … 1개
A
　다진 생강 … 1.5작은술
　간장·맛술 … 각 1작은술
　치킨스톡 … 1/2작은술
식용유 … 약간
간장·겨자 … 선택

조리법

① 팽이버섯은 다져서 쟁반에 펼쳐둔다. 다른 버섯도 전부
다져서 볼에 담고, 닭고기 다짐육과 **A**를 함께 섞어서
소를 만든다.

② 숟가락 2개로 ①에서 만든 소를
6~8등분하여 둥글리고, 팽이버
섯을 펼쳐둔 쟁반에 올린다.

③ 둥글게 빚은 소에 팽이버섯
을 묻힌다. 식용유를 얇게 바
른 종이 포일을 찜기에 깐다.
사오마이를 넣은 다음, 뚜껑
을 덮고 중강불에 10분 찐다.
취향껏 겨자를 곁들여 먹는다.

앙증맞은 날치알 사오마이

어란 가운데 가격 부담이 없는 날치알을 사용해, 선명한 주황빛이
도드라지는 사오마이. 날치알 대신 뱅어를 얹어도 맛있다.

찌는 시간
중강불
10
min.

깔 것 구멍을 뚫은 종이 포일

재료(찜기 지름 21cm, 1단／2인분)

사오마이용 만두피 … 6장
날치알 … 6숟가락
A
　깐새우 … 60g
　돼지고기 다짐육 … 40g
　양파 … 30g
　팽이버섯 … 10g
　맛술 … 1큰술
　소금 … 1꼬집
식용유 … 약간

조리법

① A의 양파는 잘게 다지고, 새우는 두들긴다. 볼에 **A**의
모든 재료를 넣고 서로 엉길 때까지 골고루 치대서 6등
분한다.

② 엄지와 검지로 원을 만들고 만두피
를 올린다. 숟가락으로 소를 가
운데에 넣고 만두피를 오므리
면서 모양을 잡는다.

③ 식용유를 얇게 바른 종이 포
일을 찜기에 깐다. ❷를 넣
은 다음, 뚜껑을 덮고 중강불
에 10분 찐다. 다 찌면 날치알
을 1숟가락씩 올린다.

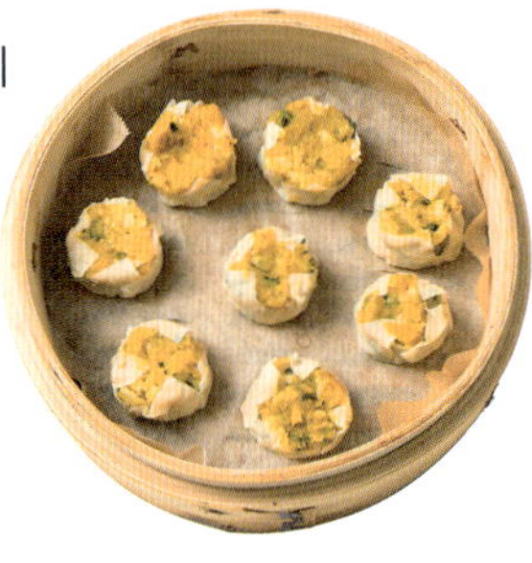

파근파근 단호박 최고

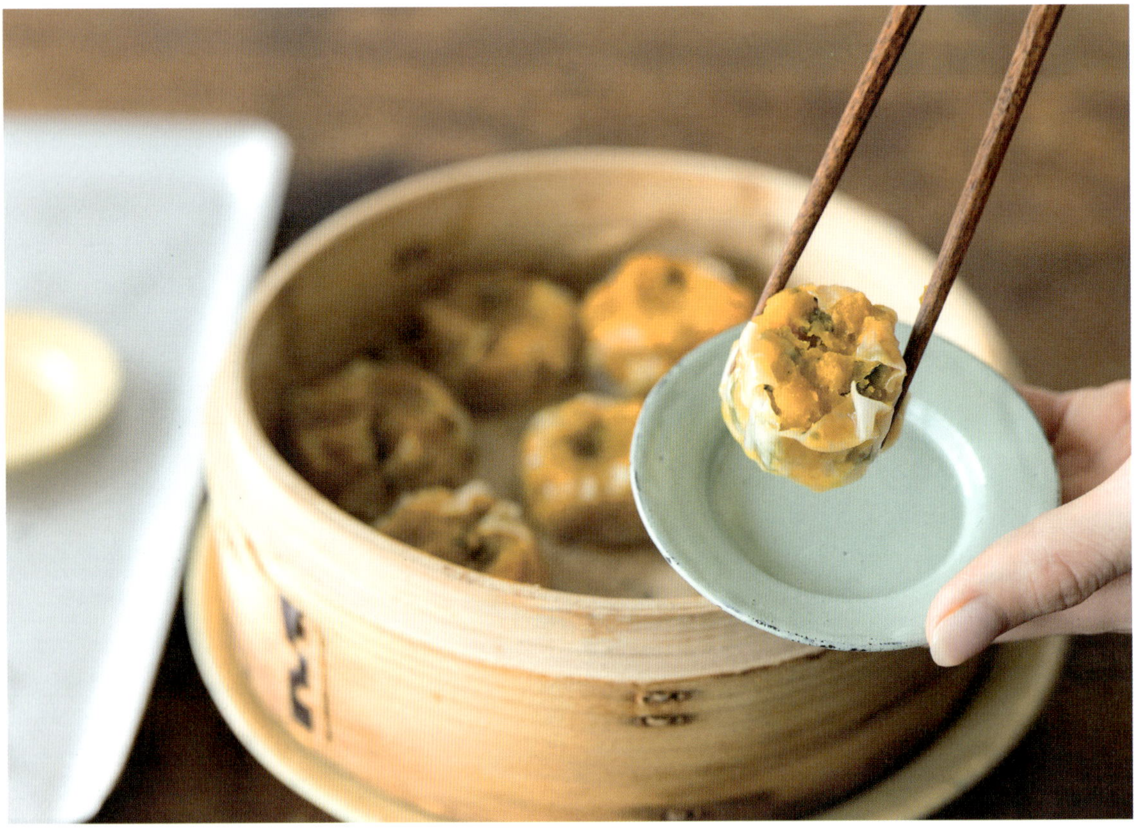

단호박 사오마이

찌는 시간
중강불
15
min.

으깬 단호박에 꿀을 섞어서 디저트처럼 달콤하고 부드러운 사오마이.
피자치즈의 짭짤한 맛을 킥으로 넣었다.

깔 것 구멍을 뚫은 종이 포일

재료(찜기 지름 21cm, 1단／2인분)

사오마이용 만두피 … 8장
단호박 … 100g
피자치즈 … 30g
A
꿀 … 1큰술
소금 … 1/4작은술
식용유 … 약간

조리법

1. 단호박은 찜기에 껍질째 넣은 다음, 뚜껑을 덮어서 중강불에 10분 찐다.
2. 볼에 ❶을 넣어 으깬 다음 A를 함께 섞는다. 치즈를 섞어서 8등분한다.
3. 엄지와 검지로 원을 만들고 만두피를 올린다. 숟가락으로 ❷를 가운데에 넣고 만두피를 오므리면서 모양을 잡는다.
4. 식용유를 얇게 바른 종이 포일을 찜기에 깐다. ❸을 넣은 다음, 뚜껑을 덮고 중강불에 5분 찐다.

옥수수 사오마이

옥수수가 제철일 때 만들기 딱 좋은 사오마이.
옥수수 통조림을 쓸 경우에는 10분 더 찐다.

찌는 시간
중강불
20
min.

깔 것 구멍을 뚫은 종이 포일

재료(찜기 지름 21cm, 1단／2인분)

옥수수 … 1개
A
　돼지고기 다짐육 … 100g
　양파 … 1/4개
　간장·맛술 … 각 1작은술
식용유 … 약간

조리법

① 옥수수는 알갱이를 분리해 쟁반에 펼쳐둔다. **A**의 양파는 잘게 다진다.

② 볼에 **A**의 모든 재료를 넣고 섞은 다음 8등분하여 둥글린다.

③ ①의 쟁반에 ②를 올려 옥수수를 묻히고, 알갱이가 잘 박히게끔 다시 한번 둥글게 빚는다. 식용유를 얇게 바른 종이 포일을 찜기에 깐다. 사오마이를 넣은 다음, 뚜껑을 덮고 중강불에 20분 찐다.

쫄깃쫄깃 맛깔나게

기본에 충실한 찐만두

평범한 재료로 만드는 '만두 중의 만두'.
고기와 채소를 찌면서 우러나는 감칠맛이 배어들어
깜짝 놀랄 만큼 맛있다!

깔 것

숙주나물 등 좋아하는 채소

재료(찜기 지름 21cm, 2단／2인분)

만두피 … 20장
〈만두소〉
　돼지고기 다짐육 … 100g
　배춧잎 … 2장
　소금 … 1/2작은술
　대파(흰 부분) … 10cm
　부추 … 2대
　표고버섯 … 1개
　다진 생강 · 다진 마늘
　　… 각 1작은술
간장 … 선택

조리법

1. 배추는 잘게 다져서 소금에 문질러 잠시 놔둔다. 그동안 대파, 부추, 표고버섯을 잘게 다진다.

2. 배추는 물기를 짜내서 볼에 담는다. 나머지 속 재료를 전부 넣고 반죽해서 만두소를 만들어 20등분한다.

3. 만두피에 소를 넣고 주름을 잡아가며 빚은 다음, 만두피 끝이 벌어지지 않게 손끝으로 누른다. 찜기에 좋아하는 채소를 깔고 그 위에 만두를 올린 다음, 뚜껑을 덮고 중강불에 10분 찐다. 취향껏 간장을 찍어 먹는다.

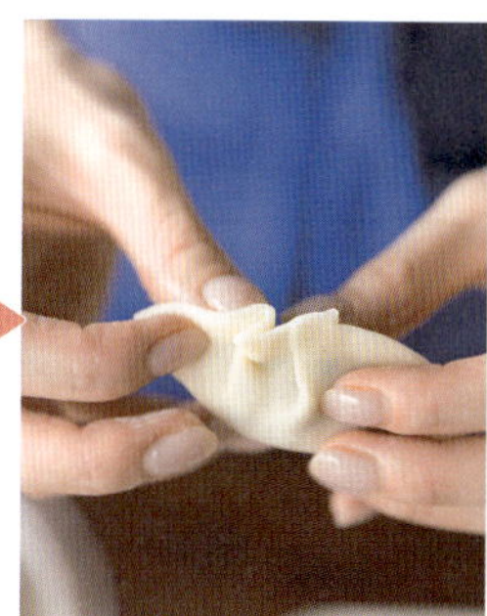

야들야들 맛있는 만두피

탱글탱글 투명한 새우 춘권

투명한 만두피에 탱글탱글한 새우가 앙증맞은 춘권.
라이스페이퍼는 찌면 쉽게 찢어지지만, 맛있으니 상관없다!

찌는 시간
중강불
5
min.

깔 것　양배추 등 좋아하는 채소

재료(찜기 지름 21cm, 1단／2인분)
라이스페이퍼 … 4장
새우 … 100g
양배추 … 40g
완두순 … 20g
A
　맛술·감자 전분 … 각 1큰술
　소금 … 1/4작은술
스위트칠리소스 … 적당량

조리법

① 새우는 4마리를 장식용으로 남겨두고, 나머지는 다져서 두들긴다. 양배추와 완두순은 잘게 다진다.

② 볼에 ①과 **A**를 넣고 섞어서 4등분한다. 물에 적신 라이스페이퍼에 장식용 새우와 만두소를 순서대로 올린다. 양쪽 끝을 접어 말듯이 감싼다.

③ 좋아하는 채소를 깐 찜기에 ②를 올린 다음, 뚜껑을 덮고 중강불에 5분 찐다. 다 찌면 스위트칠리소스를 찍어 먹는다.

※ 조리 직후에는 모양이 흐트러지기 쉬우므로, 뚜껑을 열고 3분 정도 지나면 먹는다.

돼지고기와 차조기 찐만두말이

만두피 양쪽 끝을 접기만 하면 되는 간단 만두. 찌는 시간도 단 5분!
만두 모양을 잡을 수만 있다면 재료는 무엇이든 괜찮다.

찌는 시간
중강불
5
min.

깔 것 구멍을 뚫은 종이 포일

재료(찜기·지름 21cm, 2단／2인분)

만두피 … 8장
돼지고기 잡육 … 100g
차조기 … 8장
만가닥버섯 … 50g
〈소스〉
  대파 … 1/3대
  소금·식초·치킨스톡
    … 각 1/2작은술
  후추 … 적당량
  물 … 2큰술
  참기름 … 2작은술
식용유 … 약간

조리법

① 만가닥버섯은 밑동을 제거하고 잘게 찢는다. 만두피에 차조기, 돼지고기, 만가닥버섯 순서로 올리고 한쪽 끝을 접어 물을 묻힌 다음, 반대쪽 끝을 겹치듯이 접는다.

② 식용유를 얇게 바른 종이 포일을 찜기에 깐다. ①을 넣은 다음, 뚜껑을 덮고 중강불에 5분 찐다.

③ 찌는 동안 소스용 대파를 잘게 다져서 볼에 넣는다. 나머지 재료를 전부 넣고 섞어서 ②를 찍어 먹는다.

폭신폭신한 행복

벌꿀 찐빵

부드러운 맛이 나는 찐빵. 반죽에 재료를 한 종류 넣고,
충분히 섞은 다음에 다른 재료를 차례차례 넣으면 실패하지 않는다.

찌는 시간
중강불
10~15
min.

깔 것 면포, 내열 용기(작은 용기에 소분 가능)

재료(찜기 지름 21cm, 1단／지름 15cm
×높이 6.5cm 내열 용기 1개 분량)

쌀가루 … 100g　　　　벌꿀 … 50g
두유 … 60ml～　　　　베이킹파우더
달걀 … 1개　　　　　　　　… 1작은술
좋아하는 기름　　　　호두 … 적당량
　(생참기름 등) … 10g

쌀가루에 대해

쌀가루는 제품마다 수분량에 차이가 있으므로, P.106~108의
조리법에 들어가는 두유나 우유, 물의 양은 반죽 상태를 확인해
가며 조절해주세요. 거품기로 떴을 때 반죽 표면에 잠깐 자국이
남는 정도의 찰기가 기준입니다. 찐 다음에 꼬치 등으로 찔러서
반죽이 묻어나지 않으면 완성.

조리법

❶ 볼에 달걀과 기름, 꿀을 순서대로 넣고, 재료
를 추가할 때마다 거품기로 골고루 섞는다.
두유를 함께 섞고, 그다음에 쌀가루를 섞는
다.

❷ 베이킹파우더를 넣어 빠
르게 섞어서 내열 용기
에 붓고, 호두를 손으
로 부숴서 올린다.

❸ 면포를 깐 찜기에
넣은 다음, 뚜껑
을 덮고 중강불에
15분(작은 용기에 소
분한 경우 10분) 찐다.

치즈 찐빵

크림치즈를 듬뿍 넣은 농후한 반죽에 레몬즙을 더해
산뜻하게 마무리. 장식용 레몬도 찌면 신맛이 사라진다!

찌는 시간
중강불
15
min.

깔 것 내열 용기, 베이킹 컵, 은박 컵

재료(찜기 지름 21cm, 1단／지름 7cm
×높이 4.5cm 내열 용기 4개 분량)

달걀 … 1개	**A**
설탕 … 30g	크림치즈 … 80g
소금 … 1꼬집	피자치즈 … 20g
쌀가루 … 80g	가루 치즈 … 1작은술
레몬즙 … 2작은술	버터 … 8g
베이킹파우더	우유 … 40ml〜
… 1작은술	
레몬 … 둥글게 썬	
조각 1/2개	

조리법

① 레몬은 4등분한다. 내열 용기에 **A**를 넣고 찜기
에 담은 다음, 뚜껑을 덮고 중강불에 2〜3분 쪄
서 부드럽게 만든다. 찌는 동안 볼에 달걀과 설
탕, 소금을 넣어 섞는다.

② 부드러워진 **A**와 레몬즙을
볼에 함께 넣어 거품기
로 섞고, 그다음에 쌀
가루를 넣어 덩어리가
지지 않게 섞는다.

③ 베이킹파우더를 넣고
빠르게 섞어서 컵에 붓
고 레몬을 올린다. 뚜껑을
덮고 중강불에 15분 찐다.

따끈따끈 추억의 맛

콩가루 찐빵

콩가루의 고소한 향이 퍼지는 찐빵. 은은한 단맛이 향수를 자극한다.
기름은 좋아하는 것을 쓰면 된다. 향이 없는 생참기름을 추천.

찌는 시간
중강불
10
min.

깔 것 내열 용기

재료(찜기 지름 21cm, 1단／지름 8cm
×높이 5.5cm 내열 용기 2개 분량)

쌀가루 … 60g
콩가루 … 30g
달걀 … 1개
설탕 … 30g
소금 … 1꼬집
좋아하는 기름(생참기름 등) … 30g
물 … 60ml～
베이킹파우더 … 1작은술

조리법

1 볼에 달걀을 깨 넣고 설탕과 함께 거품기로 섞는
다. 기름과 물을 순서대로 넣고, 재료를 추가할 때
마다 골고루 섞는다.

2 쌀가루와 콩가루, 소금을 넣고, 덩
어리가 지지 않게 매끈해질
때까지 섞는다. 베이킹파우
더를 넣고 빠르게 섞어서
내열 용기에 붓는다.

3 찜기에 넣어서 뚜껑을 덮고
중강불에 10분 찐다.

폭신 쫀득 파 찐빵

'찐빵에 파를 넣는다고!?'라며 놀랄지도 모르지만, 짭짤한 반죽에
달큰한 대파가 어우러져 정말 맛있다. 식사 대용으로도 좋다.

찌는 시간
중강불
10~15
min.

깔 것　내열 용기(작은 용기에 소분 가능)

재료(찜기 지름 21cm, 1단／13cm
×13cm×높이 3.5cm 내열 용기 1개 분량)

쌀가루 … 70g
감자 전분 … 10g
대파 … 1/4대
소금 … 우묵한 1/4작은술
흑후추 … 원하는 만큼
A
　좋아하는 기름(생참기름 등)
　　 … 25g
　두유 … 100ml~
　베이킹파우더 … 1작은술

조리법

① 대파는 송송 썬다. 볼에 **A**를 제외한 모든 재료
를 넣어서 섞는다.

② **A**를 함께 넣고 거품기로 더 섞는다. 베이킹파우
더까지 섞어서 내열 용기에 붓는
다.

③ 찜기에 넣어서 뚜껑을 덮고
중강불에 15분(작은 용기에
소분한 경우 10분) 찐다.

재료별 찾아보기 레시피에서 사용한 주재료에 따라 정리했습니다.

すべてを蒸したい せいろレシピ
Subete wo Mushitai Seiro Recipe
ⓒ Riyoco 2024
First published in Japan 2024 by Gakken Inc., Tokyo.
Korean translation rights arranged with Gakken Inc.
through Tony International

뭐든 찌고 싶은 찜기 레시피

초판 1쇄 발행 2026년 2월 10일

지은이 리요코
옮긴이 장하린
펴낸이 명혜정
펴낸곳 도서출판 이아소
교 열 오효순
디자인 황경성

등록번호 제311-2004-00014호
등록일자 2004년 4월 22일
주소 04002 서울시 마포구 월드컵북로5나길 18 1012호
전화 (02)337-0446 **팩스** (02)337-0402

책값은 뒤표지에 있습니다.
ISBN 979-11-87113-77-5 13590

도서출판 이아소는 독자 여러분의 의견을 소중하게 생각합니다.
E-mail iasobook@gmail.com